高校转型发展系列教材

结构力学能力训练实用教程

郭影 白铁钧 主编

曹东波 孙庆巍 钮鹏 刘晓 副主编

U0305933

清华大学出版社

北京

内 容 简 介

本书根据教育部制定的最新结构力学课程教学大纲和硕士研究生入学考试要求,以结构力学的基本概念、基本原理以及认识规律为出发点,以学生素质与能力提高为目的,为适应现代标准化测试方法编写而成。书中每章均简明扼要地讲解了各个知识点所对应的习题,其中所讲解习题不少为近年来各高校研究生入学考试试题,并附有全部答案。

本书既可作为土建、水利、道桥等专业学生学习结构力学的辅导用书,又可作为土木工程专业研究生入学考试、注册结构工程师资格考试的复习参考书。

版权所有,侵权必究。侵权举报电话:010-62782989 13701121933

图书在版编目(CIP)数据

结构力学能力训练实用教程/郭影,白铁钧主编. —北京:清华大学出版社,2019.12
高校转型发展系列教材
ISBN 978-7-302-54502-6

Ⅰ. ①结… Ⅱ. ①郭… ②白… Ⅲ. ①结构力学－高等学校－教材 Ⅳ. ①O342

中国版本图书馆 CIP 数据核字(2019)第 265858 号

责任编辑:张占奎
封面设计:常雪影
责任校对:刘玉霞
责任印制:沈 露

出版发行:清华大学出版社
   网 址:http://www.tup.com.cn,http://www.wqbook.com
   地 址:北京清华大学学研大厦 A 座   邮 编:100084
   社 总 机:010-62770175   邮 购:010-62786544
   投稿与读者服务:010-62776969,c-service@tup.tsinghua.edu.cn
   质量反馈:010-62772015,zhiliang@tup.tsinghua.edu.cn
印 装 者:北京鑫海金澳胶印有限公司
经 销:全国新华书店
开 本:185mm×260mm 印 张:9   字 数:216 千字
版 次:2019 年 12 月第 1 版   印 次:2019 年 12 月第 1 次印刷
定 价:35.00 元

产品编号:074708-01

高校转型发展系列教材 **编 委 会**

主 任 委 员：李继安　李　峰

副主任委员：王淑梅

委员(按姓氏笔画排序)：

马德顺	王　焱	王小军	王建明	王海义	孙丽娜
李　娟	李长智	李庆杨	陈兴林	范立南	赵柏东
侯　彤	姜乃力	姜俊和	高小珺	董　海	解　勇

前言

结构力学是土木、道桥、水利等专业的重要基础课,是报考结构工程专业研究生及注册结构工程师资格考试的必考课程。本教材的编写意义和作用有:一是使学生了解杆件结构的组成规律,掌握各类结构的受力特征、计算原理与方法,重点培养学生对实际工程结构中力学问题的分析能力、计算能力、自学能力和表达能力,即四个"能力";二是为后续专业课程的学习和学生毕业后进行结构设计、施工和项目管理打下必要的专业基础。

本书基于当前应用型本科学校转型适应教学改革的需要和21世纪对学生能力培养的要求,作者在总结多年教学实践的基础上,按照教育部"高等学校理工科非力学专业力学基础课程教学基本要求"和教育部工科力学教学指导委员会"面向21世纪工科力学课程教学改革的基本要求"编写而成。

本书的编写内容共9章,主要包括绪论、平面体系机动分析、静定梁与静定刚架、静定拱、静定平面桁架、结构位移计算、力法、位移法和力矩分配法。每章首先介绍本章知识结构、本章能力训练要点,其次讲述理论知识的归纳总结及例题详解,最后给出本章的填空题、判断题、分析题、计算题或简答题等专项训练题目,并且设计了专项训练成绩分数段,便于教师平时了解学生掌握情况和学生评价自学效果。同时,本书每章后面均设计了课件的二维码,增加了学生学习的兴趣,补充了理论知识点的详细说明。本书附有适用于中、少学时以及考研不同层次的结构力学综合训练题,旨在进一步强化解题训练,反映考试的重点、难点,培养学生的综合计算能力和实践应用能力,巩固和提高复习效果。本书可作为高等院校土建、水利、道桥等专业结构力学网络教学的辅助教材,也可作为辽宁省资源共享课跨校选课参考用书。

本书得到2016年辽宁省教育科学"十三五"规划课题(JG16DB290)"网络开放教育质量研究现状及质量保障对策研究"、2017年国家留学基金委项目(201708210323)、2017年辽宁省自然基金指导计划(20170540649)、

2018 年辽宁省普通高等教育本科教学改革研究项目"基于微课程模式的《结构力学》跨校修读模块化学习资源升级建设研究"、2019 年辽宁省教育厅科学研究项目(JW-1905)及 2019 年辽宁省社会科学规划基金项目(L19BYY015)的大力资助。本书由郭影、白铁钧担任主编,曹东波、孙庆巍、钮鹏、刘晓担任副主编,部分文字由沈阳大学建筑工程学院刘晓群、张晓范、王柳燕、王浩老师和沈阳职业技术学院白鸥老师共同编写而成。同时,沈阳大学建筑工程学院吴凯凯、王莹、赵畅、王莲和李雨桐同学参与了部分章节插图的绘制工作,冯乔博和刘广蒴同学参与了校对工作,在此表示感谢。本书在编写过程中参考了部分国内优秀教材,在此对相关教材作者一并表示感谢。由于编者水平有限,书中难免存在不当之处,恳请广大读者和专家予以批评指正。

编　者

2019 年 9 月

目录

Contents

第 1 章

绪　　论

学习指导

【本章知识结构】

知 识 模 块	主要知识点	掌 握 程 度
结构力学基本概念	结构力学的研究对象和任务	理解
	结构的计算简图	掌握

【本章能力训练要点】

能力训练要点	应 用 方 向
结构计算简图	确定结构受力特点
结构及荷载分类	确定结构计算方法

1.1　结构力学的研究对象和任务

1. 结构及结构类型

构筑物中能够承受荷载而起骨架作用的体系称为结构。

结构的类型可分为以下几种。

（1）按照几何特征区分，有杆件结构、薄壳结构和实体结构。

（2）按照空间特征区分，有平面结构和空间结构。

2. 结构力学的研究对象和任务

结构力学以杆件结构为研究对象。

结构力学的任务是研究杆件结构的合理组成形式；满足各个杆件的强度、刚度、稳定性要求，确保结构在振动时的安全。

1.2 结构的计算简图

1. 基本概念

（1）计算简图：若想对实际结构做力学分析，应需先通过将实际结构化简为结构计算简图，即用一个简化的图形代替实际结构的图形。

（2）结构体系：分为空间结构和平面结构。

（3）支座：结构与基础的连接部分，分刚性支座和弹性支座。

① 刚性支座：活动铰支座、固定铰支座和固定支座。

② 弹性支座：伸缩弹性支座和旋转弹性支座。

（4）结点：杆件间的连接区，分为刚结点、铰结点和组合结点。

① 刚结点：被连接杆件在连接处既不能相对移动，又不能相对转动。刚结点可以传递力，也可以传递力矩。

② 铰结点：被连接杆件在连接处不能相对移动，但可做相对转动。铰结点可以传递轴力和剪力，但不能传递力矩。

③ 组合结点：在一个结点上同时出现刚结点和铰结点的连接方式。

2. 简化原则

（1）计算简图必须能够反映实际结构的主要受力特征，确保计算结果可靠。

（2）在满足计算精度的条件下，结构计算简图尽量简单，使计算方便可行。

3. 简化内容

（1）结构体系简化。

（2）支座简化。

（3）结点简化。

(4) 杆件简化。

(5) 荷载简化。

(6) 材料简化。

1.3 结构及荷载分类

1. 平面杆系结构的分类

平面杆系结构分为：梁、拱、刚架、桁架、组合结构和悬索结构。

2. 荷载分类

荷载为结构上承受的主动力,荷载有以下几种分类方式。

(1) 按荷载作用的范围可分为分布荷载和集中荷载。

(2) 按荷载作用时间的长短可分为恒荷载和活荷载。

(3) 按荷载作用的性质可分为静荷载和动荷载。

(4) 按荷载作用位置的变化可分为固定荷载和移动荷载。

专 业 词 汇

计算简图(computing model)；结构(structure)；铰(hinge)；铰结点(hinged joint)；刚结点(rigid joint)；联系(connection)；链杆(bar)；荷载(load)；杆件结构(structure of bar system)；板壳结构(plate-shell structure)；实体结构(massive structure)；梁式结构(beam-type structure)；刚架(frame)；拱(arch)；平面桁架(plane truss)；排架(bent)；组合结构(composite structure)。

专 项 训 练

一、填空题（每题 5 分，共计 15 分）

1. 结构按照几何特征分为 _____、_____ 和 _____；按照空间特征分为 _____ 和 _____。

2. 结构中常见的杆件有 _____、_____ 和 _____。

3. 恒荷载和活荷载是按 _____ 来区分的。

二、判断题（每题 5 分，共计 25 分）

1. 板和壳都是厚度很薄的构件，它们是根据其为平面或是曲面来区分的。 （   ）

2. 在任何情况下，体内任意两点的距离保持不变的物体叫刚体。 （   ）

3. 四边支撑的正方形楼板可以简化为一根杆件进行计算。 （   ）

4. 结构的计算简图只考虑荷载的简化。 （   ）

5. 结构力学的研究对象仍然是弹性小变形体。 （   ）

三、选择题（每题 5 分，共计 15 分）

1. 结构力学研究的任务是（   ）。
   A. 结构中的每一根构件都应该有足够的强度
   B. 设计时要保证构件的变形数值不超过它正常工作所容许的范围
   C. 构件和结构应保持原有的平衡状态
   D. 以上三种

2. 荷载按作用范围可分为（   ）。
   A. 静荷载和动荷载
   B. 恒荷载和活荷载
   C. 分布荷载和集中荷载
   D. 以上都是

3. 作用在楼面上的人群的重力称为（   ）。
   A. 恒荷载
   B. 活荷载
   C. 静荷载
   D. 动荷载

四、简答题（每题 15 分，共计 45 分）

1. 结构力学的研究对象和具体任务是什么？

2. 什么是结构的计算简图？如何确定结构的计算简图？

3. 结构的计算简图中有哪些常用的支座和结点？

专项训练成绩：

优　秀　90～100 分　□

良　好　80～89 分　□

中　等　70～79 分　☐

合　格　60～69 分　☐

不合格　60 分以下　☐

课件二维码

绪论

第 2 章

平面体系机动分析

学习指导

【本章知识结构】

知 识 模 块	主要知识点	掌 握 程 度
平面体系机动分析	机动分析的几个基本概念	理解
	平面几何不变体系的基本组成规则	掌握
	机动分析示例	掌握

【本章能力训练要点】

能力训练要点	应用方向
平面几何不变体系的组成规则	判定结构的合理组成和超静定次数
机动分析方法	平面体系机动分析过程

2.1 机动分析的几个基本概念

1. 几何不变体系和几何可变体系

(1) 几何不变体系：受到任意荷载作用后，体系仍能保持其几何形状不变、位置不变(不考虑材料的应变)。

(2) 几何可变体系：受到任意荷载作用后，即使不考虑材料的应变，体系几何形状、位置仍可变。

对平面体系的分类及其几何特征和静力特征的总结见表2.1。

表 2.1　平面体系的分类及其几何特征和静力特征

体　系　分　类		几　何　特　征		静　力　特　征	
几何不变体系	无多余约束的几何不变体系	约束数目够、布置也合理		静定结构：仅由平衡条件就可求出全部反力和内力	可作结构使用
	有多余约束的几何不变体系	约束数目有多余、布置也合理	有多余约束	超静定结构：仅由平衡条件不能求出全部反力和内力	
几何可变体系	几何瞬变体系	约束数目够、布置不合理		内力为无穷大或不确定	不能作结构使用
	几何常变体系	约束数目不够或布置不合理		不存在静力解答	

2. 刚片、自由度和约束

（1）刚片。

平面体系中几何形状、尺寸（物体内各部分的相对位置）不随时间变化（不考虑材料应变）的部分。例如，一根梁、一根链杆、一个铰接三角形、大地（零自由度的刚片），体系中已经确定为几何不变的部分等都可以看成刚片。

（2）自由度。

用来确定物体或体系在平面中的位置时所需要的独立坐标的数目。例如，平面内运动的一个点有两个自由度，一个刚片有三个自由度。

（3）约束（联系）。

约束（联系）是指阻止或限制体系运动的装置。以下是几种常见的约束。

① 链杆。相当于一个约束，可减少一个自由度。

② 铰接。一个单铰相当于两个约束，可减少两个自由度。复铰相当于 $n-1$ 个单铰，其中 n 为刚片数。

③ 刚性连接（简称刚接）。刚结点相当于三个约束，刚接用于支座时称其为固定端支座。

（4）必要约束和多余约束。

① 必要约束：为保持体系几何不变必须具有的约束。

② 多余约束：在一个体系中增加一个约束，而体系的自由度并不因此而减少。

3. 瞬铰和瞬变体系

（1）两个链杆所起的约束作用相当于在链杆交点处的一个铰所起的约束作用，这个铰称为瞬铰（虚铰）。

（2）本来是几何可变，经微小位移后又成为几何不变的体系，称为瞬变体系。

4. 平面杆件体系的计算自由度 W

（1）刚片法。

一个平面体系，通常由若干刚片彼此铰结，并用支座链杆与基础相连而成。若刚片数用 m（member）、单铰数用 h（hinge）、支座链杆数用 r（rod）表示，则

W（计算自由度）＝（自由度总数）－（联系总数），即

$$W = 3m - (2h + r) \tag{2-1}$$

注：h 只包括刚片与刚片之间相互连接所用的铰，不包括刚片与支承链杆相连用的铰。

（2）铰结点法。

若为铰结链杆体系，即完全由两端铰接的杆件组成，则

$$W = 2j - (b + r) \tag{2-2}$$

式中：j 为结点数，b 为杆件数，r 为支座链杆数。

注：$W > 0$ 时，因缺少足够的联系，因此体系为几何可变。

$W = 0$，如体系无多余约束则为几何不变，如有多余约束则为几何可变，即体系成为几何不变所必需的最少联系数目。

$W < 0$，体系有多余联系。

$W \leqslant 0$，若体系与基础不连接，内部可变度：$V \leqslant 3$。

注：若体系 $W \leqslant 0$（或 $V \leqslant 3$）不一定就是几何不变体系。因为尽管联系数目足够多甚至还有多余，但布置不当仍可能是可变的。可见，$W \leqslant 0$（或 $V \leqslant 3$）只是几何不变体系的必要条件，不是充分条件。

5. 机动分析（几何组成分析）

在设计结构和选择其计算简图时，首先必须判别其是否几何不变，从而决定能否采用，这一工作称为体系的机动分析或几何组成分析。

2.2 平面几何不变体系的基本组成规则

1. 三刚片规则

三刚片用不在同一直线上的三个单铰两两铰接，则组成几何不变体系，且无多余约束。

2. 两刚片规则

（1）两刚片用一个铰和一根不通过此铰的链杆相连，则组成几何不变体系，且无多余约束。

（2）两刚片用三根不全平行也不交于一点的链杆相连，则组成几何不变体系，且无多余约束。

3. 二元体规则

两根不共线链杆连接一个结点的装置为二元体。

在一个体系上增加一个二元体或拆除一个二元体，不会改变原有体系的几何构造性质。

2.3 平面体系机动分析方法

（1）从基础出发进行分析。以基础为基本刚片，依次将某个部件（一个结点、一个刚片或两处刚片）按基本组成方式连接在基本刚片上，形成逐渐扩大的基本刚片，直至形成整个体系。

（2）从内部刚片出发进行分析。首先在体系内部选择一个或几个刚片作为基本刚片，再将周围的部件按基本组成方式进行连接，形成一个或几个扩大的刚片，最后将这些扩大的基本刚片与地基连接，从而形成整个体系。

（3）几点技巧：支杆数为3，体系本身先（分析）；支杆数多于3，地与体系连；几何不变者，常可作刚片；曲杆两端铰，可作链杆看；二元体遇到，可以先去掉。

2.4 例题详解

【例 2-1】 求图 2.1 所示体系的计算自由度 W。

解：$m=9, g=6, h=4, b=9$

$W=3\times9-(3\times6+2\times4+9)=-8$

表明体系有 8 个多余约束。

【例 2-2】 对图 2.2 所示平面体系进行机动分析。

解：支杆多于3，地与体系连。三刚片原则，三个虚铰和另一个铰点不交于一点，所以为无多余约束的几何不变体系，如图 2.3 所示。

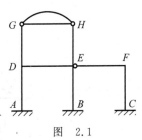

图 2.1

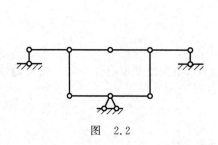

图 2.2

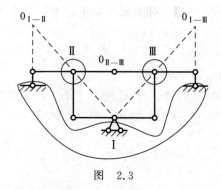

图 2.3

【例 2-3】 对图 2.4(a)所示平面体系进行机动分析。

解：如图 2.4(b)所示，按三刚片原则，三铰不共线，为几何不变且无多余约束体系。

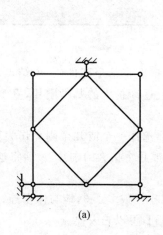

(a)

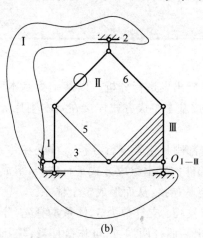

(b)

图 2.4

【例 2-4】 对图 2.5(a)所示平面体系进行机动分析。

解：如图 2.5(b)所示，由几何不变体系的二元体规则可知：自下而上加二元体，地基为一大"刚片"，由于可知此体系为几何不变且无多余约束。

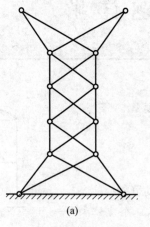

(a)

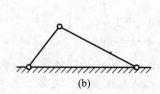

(b)

图 2.5

【例2-5】 对图2.6(a)所示平面体系进行机动分析。

解：如图2.6(b)所示，按三刚片原则，三铰不共线，得出该结构为几何不变体且无多余约束体系。

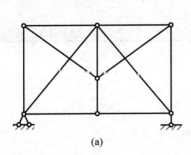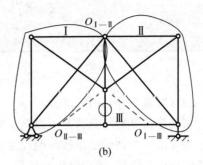

图 2.6

【例2-6】 对图2.7(a)所示平面体系进行机动分析。

解：如图2.7(b)所示，三刚片原则，三个虚铰共线，为瞬变体系。

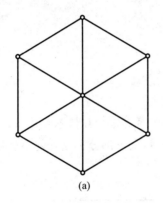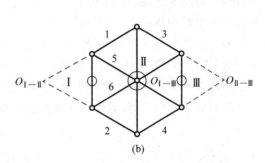

图 2.7

专 业 词 汇

体系(几何)组成分析(geometric stability analysis of system)；刚片(rigid member)；自由度(degree of freedom)；约束(constraint)；单铰(single hinge)；虚铰(virtual hinge)；多余约束(redundant constraint)；几何不变体系(geometrically stable system)；常变体系(constantly unstable system)；瞬变体系(instantaneous unstable system)。

专 项 训 练

一、填空题(每题 **5** 分,共计 **25** 分)

1. 杆件相互连接处的结点通常可以简化成_____、_____和_____。

2. 三个刚片用三个共线的单铰两两相连,则该体系是_____。

3. 从几何分析角度讲,静定结构和超静定结构都是_____体系,前者无_____,而后者是_____多余约束。

4. 几何不变体系的必要条件是计算自由度 W _____,充分条件是满足_____规则。

5. 图 2.8 所示体系是_____体系。

二、判断题(每题 **5** 分,共计 **25** 分)

1. 多余约束是结构体系中不需要的约束。 (   )

2. 有些体系为几何可变体系,但却有多余的约束存在。 (   )

3. 任意两根链杆的约束作用均可相当于一个单铰。 (   )

4. 三个刚片由三个单铰或任意六个链杆两两相连,体系必定为几何不变体系。(   )

5. 图 2.9 所示体系中,去掉其中任意两根支座链杆后,余下部分都是几何不变体系。

(   )

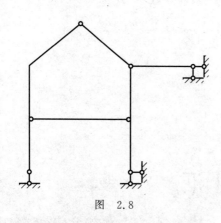

图 2.8

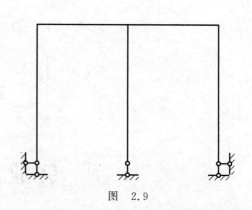

图 2.9

三、分析题(每题 **5** 分,共计 **50** 分)

1. 试对图 2.10 所示平面体系进行机动分析。

2. 试对图 2.11 所示平面体系进行机动分析。

3. 试对图 2.12 所示平面体系进行机动分析。

4. 试对图 2.13 所示平面体系进行机动分析。

5. 试对图 2.14 所示平面体系进行机动分析。

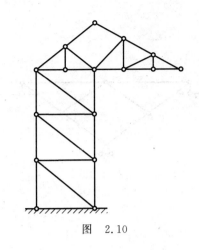

图 2.10

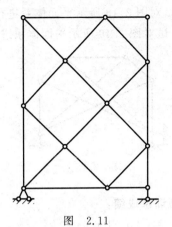

图 2.11

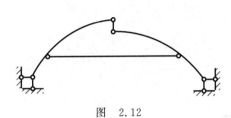

图 2.12

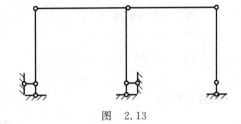

图 2.13

6. 试对图 2.15 所示平面体系进行机动分析。

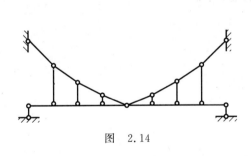

图 2.14

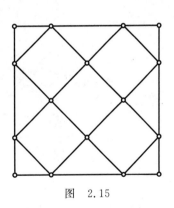

图 2.15

7. 试对图 2.16 所示平面体系进行机动分析。

8. 试对图 2.17 所示平面体系进行机动分析。

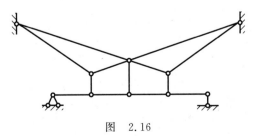

图 2.16

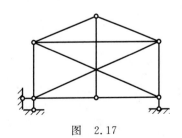

图 2.17

9. 试对图 2.18 所示平面体系进行机动分析。

10. 试对图 2.19 所示平面体系进行机动分析。

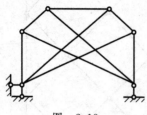

图　2.18

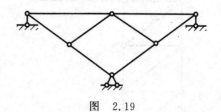

图　2.19

专项训练成绩：

优　秀　90～100 分　☐

良　好　80～89 分　☐

中　等　70～79 分　☐

合　格　60～69 分　☐

不合格　60 分以下　☐

课件二维码

平面体系机动分析

第 3 章

静定梁与静定刚架

学习指导

【本章知识结构】

知识模块	主要知识点	掌握程度
静定梁	单跨静定梁的内力计算及内力图	掌握
	多跨静定梁的受力分析	理解
	平面刚架的内力图	掌握
	快速准确绘制弯矩图	掌握

【本章能力训练要点】

能力训练要点	应用方向
单跨静定梁的内力计算及内力图	多跨梁和刚架分析的基础，强度计算，超静定计算
多跨静定梁的内力分析及内力图	影响线分析，可解决实际工程中多跨静定梁的结构设计
刚架的内力计算及内力图的绘制	杆件的强度、位移和超静定结构动力学计算

3.1 静 定 梁

(1) 单跨静定梁的结构形式：水平梁、斜梁及曲梁、简支梁、悬臂梁及伸臂梁。

(2) 平面结构的内力及其正负号规定。

① 轴力：受拉为正，如图 3.1(a)所示。

② 剪力：顺时针为正，如图 3.1(b)所示。

③ 弯矩：下部纤维受拉为正，如图 3.1(c)所示。

（3）求内力图的步骤。

① 求支座反力。

② 求杆件控制截面内力。

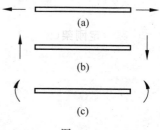

图　3.1

提示：对于初学者一定要掌握控制截面的选取原则，控制截面一般取为杆端（集中荷载集中力矩作用点）或支座处（分布荷载的起点和终点）。

③ 绘制内力图。

④ 校核。根据内力图特征来校核；根据静力平衡条件来校核。

（4）多跨静定梁的受力分析。

① 从几何组成来看 $\begin{cases} 基本部分 \\ 附属部分 \end{cases}$ →层次图。

② 从受力来看 $\begin{cases} 当荷载作用于基本部分 \\ 当荷载作用于附属部分 \end{cases}$ →力的传递路径。

③ 解题顺序：先附属部分，再基本部分。

由以上内容可知：多跨静定梁可分成若干单跨梁分别计算。

3.2　静定平面刚架

3.2.1　刚架的组成及分类

刚架是由若干直杆（梁和柱）部分或全部用刚结点连接而成的一种结构。

1. 静定刚架（图 3.2）

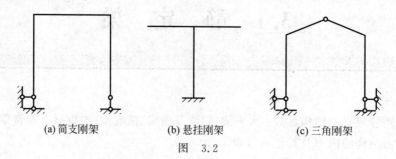

(a) 简支刚架　　　(b) 悬挂刚架　　　(c) 三角刚架

图　3.2

2. 超静定刚架（图 3.3）

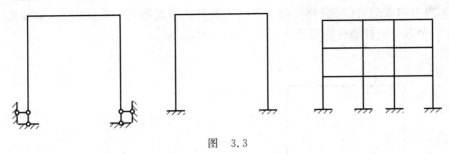

图　3.3

实际工程中采用的刚架大多是超静定刚架。

3.2.2　刚架的特征

（1）刚结点处，各杆端不能产生相对移动和转动，各杆夹角不变。

（2）刚结点能够承受和传递弯矩，使结构弯矩分布相对比较均匀，节省材料。

（3）两铰、三铰刚架和四铰体系变为结构加斜杆，组成几何不变体系所需的杆件数目较少，且多为直杆，故净空较大，施工方便。

（4）梁柱形成一个刚性整体，增大了结构刚度并使内力分布比较均匀，节省材料，可以获得较大净空。

3.2.3　静定平面刚架的内力分析

1. 求支座反力

求刚架的支座反力时，不同类型刚架的求解方式不一样，例如，简支刚架的求解过程与梁相同，悬臂刚架可不求支座反力。对三铰刚架，求支座反力的过程如下（图 3.4）。

先取整体为研究对象：

$$\sum M_A = 0 \Rightarrow Y_B = \frac{P}{4}(\uparrow)$$

$$\sum Y = 0 \Rightarrow Y_A = \frac{3}{4}P(\uparrow)$$

再取 CB 部分为隔离体：

$$\sum M_C = 0 \Rightarrow X_B = \frac{P}{4}(\leftarrow)$$

再取整体为研究对象：

$$\sum X = 0 \Rightarrow X_A = \frac{P}{4}(\rightarrow)$$

2. 用截面法求内力（杆端内力）

（1）内力的表达，此时需要用两个下标才能表达清楚刚架的截面内力，如图 3.5 所示。结点 D 三个方向的杆端弯矩分别表示为：M_{DA}、M_{DB}、M_{DC}。

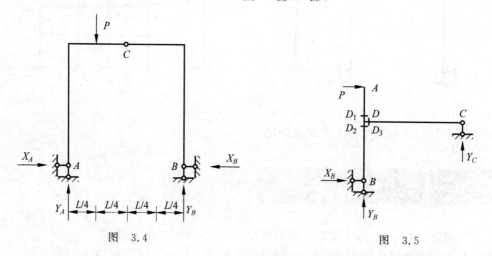

图 3.4　　　　　　　　　　　　图 3.5

（2）正确选取隔离体。

（3）内力的正负规定：轴力和剪力与梁的规定一样，弯矩以梁的下侧纤维受拉为正。

3. 作内力图

（1）将刚架拆成杆件。

（2）采用分段叠加法做复杂弯矩图。

（3）各杆件内力图合在一起是刚架内力图。

3.3　快速准确绘制弯矩图的规律

（1）利用 q、F_s、M 之间的微分关系以及一些推论。

① 无荷载区段，M 为直线。

② 受均布荷载 q 作用时，M 为抛物线，且凸向与 q 方向一致。

③ 受集中荷载 P 作用时，M 为折线，折点在集中力作用点处，且凸向与 P 方向一致。

④ 受集中力偶 m 作用时，在 m 作用点处 M 有跳跃（突变），跳跃量为 m，且左右直线均平行。

（2）铰处弯矩为零，刚结点处力平衡。

（3）外力与杆轴重合时不产生弯矩。

（4）作弯矩图的区段叠加法。

（5）对称性的利用。

3.4　静定结构的特性

（1）静力解答的唯一性。

（2）静定结构的内力：与杆件的刚度（EI、EA、GA）无关，也与支座沉降和温度改变无关，与材料收缩、制造误差亦无关。

（3）平衡力系的影响：由平衡力系组成的荷载作用在静定结构某一自身几何不变的部分时，只有该部分受力，其余部分不受力。

（4）荷载等效的影响：在结构某一自身几何不变的部分变换时，仅该部分内力发生变化，剩余部分的内力保持不变。

3.5　例　题　详　解

【例 3-1】　求图 3.6 所示单跨静定梁的内力图。

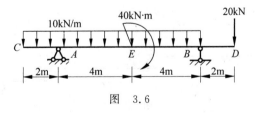

图　3.6

解：（1）求支座反力，取全梁为隔离体。

$$\sum M_A = 0$$

$$-10\text{kN/m}\times2\text{m}+10\text{kN/m}\times8\text{m}\times4\text{m}+40\text{kN}\cdot\text{m}-F_{By}\times8\text{m}+20\text{kN}\times10\text{m}=0$$

得 $F_{By}=67.5\text{kN}$

$$\sum F_y=0$$

$$F_{Ay}-10\text{kN/m}\times10\text{m}+67.5\text{kN}-20\text{kN}=0$$

$$F_{Ay}=52.5\text{kN}$$

(2) 绘制弯矩图(图 3.7),用截面法计算出各控制点的弯矩值。

$$M_A=10\text{kN/m}\times2\text{m}\times1\text{m}=20\text{kN}\cdot\text{m}$$

$$M_B=20\text{kN}\times2\text{m}=40\text{kN}\cdot\text{m}$$

$$M_{E左}=-52.5\text{kN}\times4\text{m}+10\text{kN/m}\times6\text{m}\times3\text{m}=-30\text{kN}\cdot\text{m}$$

(3) 绘制剪力图(图 3.8),用截面法计算各控制点的弯矩值。

$$F_{A左}=-10\text{kN/m}\times2\text{m}=-20\text{kN}$$

$$F_{A右}=52.5\text{kN}-20\text{kN}=32.5\text{kN}$$

$$F_{B右}=20\text{kN}$$

$$F_{B左}=20\text{kN}-67.5\text{kN}=-47.5\text{kN}$$

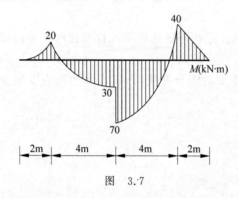

图 3.7

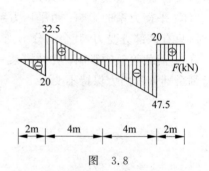

图 3.8

【例 3-2】 作出图 3.9 所示多跨静定梁的内力图。

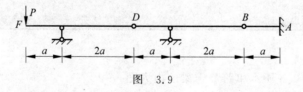

图 3.9

解:(1) 层次图见图 3.10。

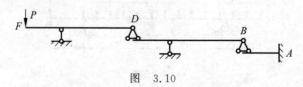

图 3.10

(2) 根据荷载的传递关系(图 3.11),即可知本题的求解顺序: $FD\rightarrow BD\rightarrow AB$。

(3) 此时即可分段画出内力图,合在一起就是整个结构的内力图(图 3.12)。

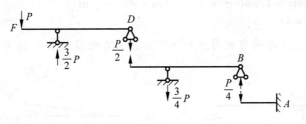

图　3.11

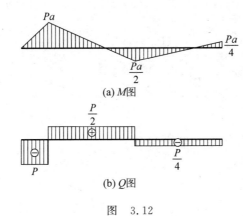

(a) M图

(b) Q图

图　3.12

【例 3-3】 快速绘制弯矩图(图 3.13)。

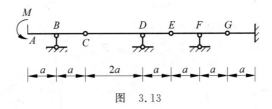

图　3.13

解：AB 段的弯矩图与 M 相同，C 点弯矩为 0，BD 之间无外力作用，故其弯矩图为一直线。同样 E、G 两点弯矩为 0，故 DF 之间和 FG 之间为一直线(图 3.14)。

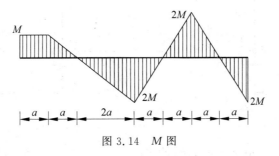

图 3.14　M 图

【例 3-4】 试作图 3.15 所示刚架的 M 图。

解：$M_{DC}=10\text{kN}\times4\text{m}=40\text{kN}\cdot\text{m}$

由 $\sum M_A=0\Rightarrow F_B\times4\text{m}+10\text{kN}\times4\text{m}-4\text{m}\times20\text{kN/m}\times2\text{m}=0\Rightarrow F_B=30\text{kN}$

$M_{DB} = 30\text{kN} \times 4\text{m} = 120\text{kN} \cdot \text{m}$

故 $M_{DA} = M_{DC} + M_{DB} = 160\text{kN} \cdot \text{m}$

A 点弯矩为 0，AD 之间弯矩由叠加法可算出。弯矩图如图 3.16 所示。

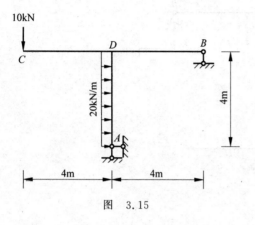

图 3.15

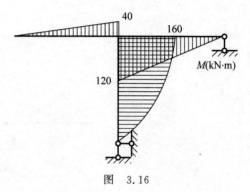

图 3.16

【例 3-5】 试作图 3.17 所示刚架的 M 图。

解：

由 $\sum M_A = 0 \Rightarrow F_{By} = 0$

由 $\sum F_y = 0 \Rightarrow F_{Ay} = 0$

由 $\sum M_C = 0 \Rightarrow F_{Bx} \times h = M \Rightarrow F_{Bx} = \dfrac{M}{h}$

故 $M_{DB} = F_{Bx} \times h = M$，同理可得 $M_{EA} = M$。

受力分析如图 3.18 所示，弯矩图如图 3.19 所示。

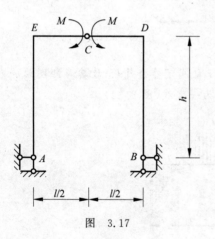

图 3.17

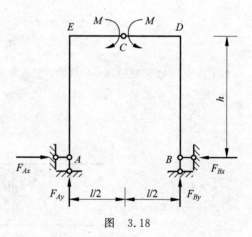

图 3.18

【例 3-6】 试作图 3.20 所示刚架的 M 图。

解：

由 $\sum F_y = 0$ 可知，$F_C = 20\text{kN} + 10\text{kN/m} \times 4\text{m} = 60\text{kN}$

$M_{CF} = 20\text{kN} \times 2\text{m} = 40\text{kN} \cdot \text{m}$

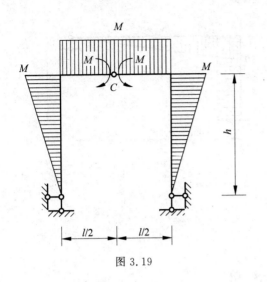

图 3.19

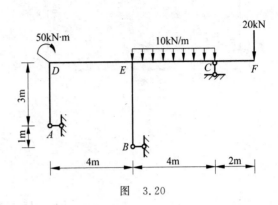

图　3.20

$M_{EC} = 20\text{kN} \times 6\text{m} - 60\text{kN} \times 4\text{m} + 10\text{kN/m} \times 4\text{m} \times 2\text{m} = -40\text{kN} \cdot \text{m}$

$\sum M_A = 0 \Rightarrow F_B \times 1\text{m} + F_C \times 8\text{m} - 20\text{kN} \times 10\text{m} - 10\text{kN/m} \times 4\text{m} \times 6\text{m} - 50\text{kN} \cdot \text{m} = 0 \Rightarrow F_B = 10\text{kN}$

$M_{EB} = 10\text{kN} \times 4\text{m} = 40\text{kN} \cdot \text{m}$

$M_{ED} = M_{EB} + M_{EC} = 40\text{kN} \cdot \text{m} + 40\text{kN} \cdot \text{m} = 80\text{kN} \cdot \text{m}$

$M_{DA} = 80\text{kN} \cdot \text{m} - 50\text{kN} \cdot \text{m} = 30\text{kN} \cdot \text{m}$

最后绘制弯矩图，如图 3.21 所示。

【例 3-7】 试作图 3.22 所示刚架的 M 图。

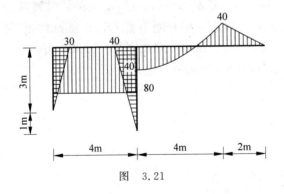

图　3.21

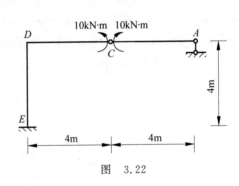

图　3.22

解：

$\sum M_C = 0 \Rightarrow F_A \times 4\text{m} - 10\text{kN} \cdot \text{m} = 0 \Rightarrow F_A = 2.5\text{kN}$

$M_D = F_A \times 8\text{m} = 20\text{kN} \cdot \text{m}$

由于 DE 段无外力作用，故弯矩为 $20\text{kN} \cdot \text{m}$。

受力分析如图 3.23 所示，弯矩图如图 3.24 所示。

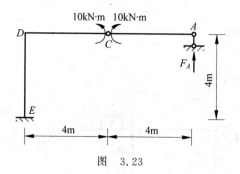

图 3.23

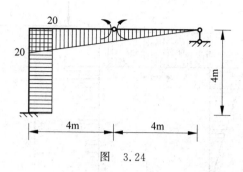

图 3.24

专 业 词 汇

静定结构（statically determinate structure）；梁（beam）；梁式结构（beam-type structure）；跨度（span）；简支梁（simple supported beam）；悬臂梁（cantilever beam）；外伸梁（overhanging beam）；斜梁（skew beam）；内力（internal force）；剪力（shear force）；弯矩（bending moment）；内力图（internal force diagram）；叠加法（superposition method）；静定多跨梁（statically determinate multi-span beam）；基本部分（basic portion）；附属部分（accessory part）；层次图（laminar superposition diagram）；刚节点（rigid joint）；刚架（frame）；静定平面刚架（statically determinate plane frame）；简支刚架（simple supported frame）；悬臂刚架（cantilever frame）；三铰刚架（three-hinged frame）。

专 项 训 练

一、填空题（每题 5 分，共计 25 分）

1. 静定结构的静力特征是：可用_____求出全部反力和内力；几何特征是：结构为不变体系，且无_____联系。

2. 图 3.25 所示梁中，*BC* 段的剪力为_____，*DE* 段的弯矩为_____。

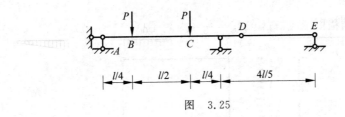

图 3.25

3. 荷载集度与剪力和弯矩之间的关系是_____、_____、_____。

4. 图 3.26 所示结构中，$M_{AD} =$ _____ kN·m，_____ 侧受拉；$M_{CD} =$ _____ kN·m。

5. 图 3.27 所示结构 K 截面的 M 值为_____，_____侧受拉。

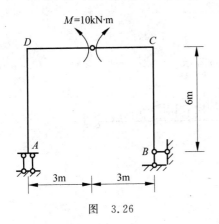

图 3.26

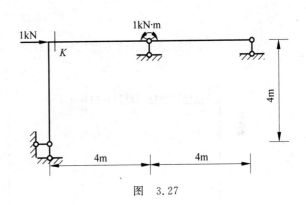

图 3.27

二、判断题（每题 5 分，共计 25 分）

1. 图 3.28 所示为一杆段的 M、F_S 图，若 F_S 正确，则 M 图一定是错误的。　　（　　）

2. 多跨静定梁仅当基本部分承受荷载时，其他部分的内力和反力均为零。　　（　　）

3. 图 3.29 所示同一简支斜梁，分别承受图示两种形式不同、集度相等的分布荷载时，其弯矩图相同。　　　　　　　　　　　　　　（　　）

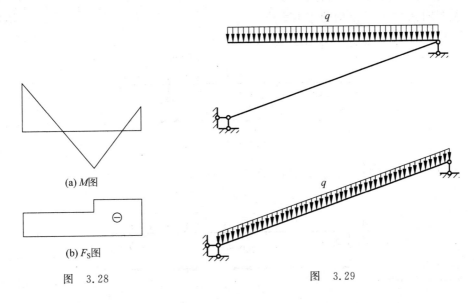

图 3.28

图 3.29

4. 图 3.30 所示结构中 K 点弯矩 $M_K = \dfrac{ql^2}{2}$（内侧受拉）。　　　　　　　　（　　）

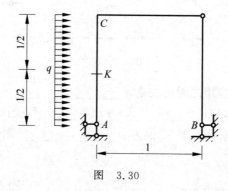

图　3.30

5. 图 3.31(a)所示结构的剪力图形状如图 3.31(b)所示。　　　　　　　　　　（　　）

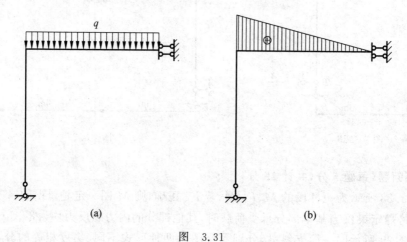

(a)　　　　　　　　　　　　　(b)

图　3.31

三、计算题（每题 10 分，共计 50 分）

1. 绘制图 3.32 所示结构的弯矩图。

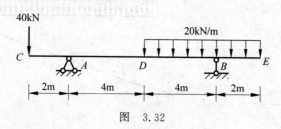

图　3.32

2. 求图 3.33 所示两跨静定梁的内力图。

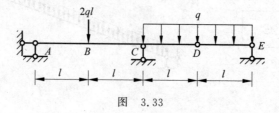

图　3.33

3. 作图 3.34 所示结构内力图。

4. 作图 3.35 所示结构的 M 图。

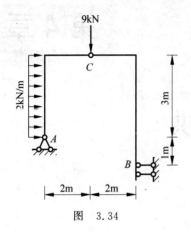

图 3.34

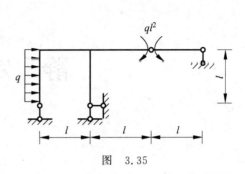

图 3.35

5. 试不计算反力而绘出图 3.36 所示梁的弯矩图。

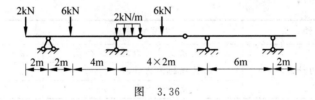

图 3.36

专项训练成绩：

优　秀　90~100 分　□

良　好　80~89 分　□

中　等　70~79 分　□

合　格　60~69 分　□

不合格　60 分以下　□

课件二维码

静定梁与静定刚架

第 4 章

静 定 拱

学习指导

【本章知识结构】

知 识 模 块	主 要 知 识 点	掌 握 程 度
三铰拱的内力计算	三铰拱支座反力的计算公式	掌握
	三铰拱的内力计算	理解
	合理拱轴线概念	掌握

【本章能力训练要点】

能 力 训 练 要 点	应 用 方 向
三铰拱的支座反力的计算	拱结构设计、计算

4.1 概　述

1. 拱式结构的特征及应用

（1）特征：杆轴是曲线,竖向荷载作用下产生水平推力。与曲梁比较,三铰拱是由两条曲杆用铰相互连接,并各自与支座用铰相连而成。

（2）优点：在竖向荷载作用下拱存在水平推力作用,使其所受的弯矩远比梁小,压力也比较均匀;若合理选择拱轴,弯矩为零,主要承受压力。

（3）缺点：需要坚固而强大的地基基础来支承。

（4）应用：门、窗、桥、巷道、窑洞。

2. 拱的形式

（1）静定结构：三铰拱。有两种形式：无拉杆三铰拱、有拉杆三铰拱。变化形式：做成折线即变为三铰刚架。

（2）超静定结构：无铰拱、两铰拱。

4.2 三铰拱的计算

以竖向荷载作用下的平拱为例。

1. 支座反力计算

（1）三铰拱的竖向反力与相当梁的竖向力相同，竖向反力与拱高无关。$F_{AV} = F_{AV}^0$，$F_{BV} = F_{BV}^0$。

（2）水平推力仅与荷载及三个铰的位置有关，即只与拱的矢跨比 f/l 有关，$f/l \uparrow$，$H \downarrow$；$f/l \downarrow$，$H \uparrow$，与拱轴形状无关。当荷载及 l 不变时，$f \uparrow$，$H \downarrow$；$f \downarrow$，$H \uparrow$；$f \to 0$，$H \to \infty$；$f = 0$，三拱共线变为瞬变体系。$F_H = M_C^0 / f$，其中：M_C^0 为相应简支梁跨中截面 C 的弯矩；f 为拱高；F_H 为水平推力。

（3）结构受到竖向向下荷载作用时推力为正，推力向内。

2. 内力计算

（1）反力求出后，用截面法求拱上任一横截面的内力。

（2）使拱的内侧纤维受拉的弯矩为正，反之为负；拱轴内剪力正负号规定以绕隔离体顺时针方向转动为正；轴力以使拱轴截面受压为正。

（3）在竖向荷载作用下的三铰拱内力计算公式可写为

$$M = M^0 - F_H y$$

$$F_S = F_S^0 \cos\varphi - F_H \sin\varphi$$

$$F_N = F_S^0 \sin\varphi + F_H \cos\varphi$$

式中：φ 为任意截面拱轴切线的倾角，φ 在左半拱为正，在右半拱为负。

4.3   三铰拱的合理拱轴线

（1）合理拱轴线：当拱上所有截面的弯矩都等于零，且只有轴力时，截面上的正应力是均匀分布的，材料得以充分利用。单从力学观点看，这是最经济的。

（2）在满跨竖向均布荷载作用下，三铰拱的合理拱轴线是抛物线。

（3）在垂直于拱轴线的均布荷载（如水压力）作用下，三铰拱的合理拱轴线是圆弧线。

专 业 词 汇

拱（arch）；拱轴线（arch axis）；拱顶（rown）；拱高（arch height）；拱脚（arch toe）；水平推力（horizontal thrust）；拱式结构（arch structure）；推力结构（thrust structure）；三铰拱（three-hinged arch）；压力线（pressure line）；合理拱轴线（optimal arch axis）。

专 项 训 练

一、填空题（每题 **10** 分，共计 **50** 分）

1. 拱是杆轴线为_____，并且在竖向荷载作用下产生_____的结构。

2. 在同样荷载作用下，三角拱某截面上的弯矩值比相应简支梁对应截面的弯矩值要小，这是因为三角拱有_____。

3. 图 4.1 所示半圆三角拱，$\alpha = 30°$，$Y_A = qa\ (\uparrow)$，$H_A = \dfrac{qa}{2}\ (\rightarrow)$，$K$ 截面的 $\varphi_K = $
_____，$V_K = $_____，$V_K$ 的计算式为_____。

4. 三铰拱合理拱轴线的形状与_____有关。

5. 在已知荷载作用下,使三铰拱处于_____状态的轴线叫作三铰拱的合理拱轴线,合理拱轴线的拱各截面只受_____作用,即正应力沿截面_____分布。

二、判断题(每题 10 分,共计 50 分)

1. 三铰拱的弯矩小于相应简支梁的弯矩是因为存在水平支座反力。 ( )

2. 三铰拱的水平推力只与三个铰的位置及荷载大小有关,而与拱轴线形状无关。

( )

3. 三铰拱的内力不但与荷载及三个铰的位置有关,而且与拱轴线形状有关。 ( )

4. 图 4.2 所示拱的水平推力 $H = \dfrac{3ql}{4}$。 ( )

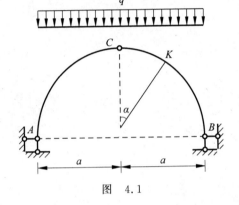

图 4.1

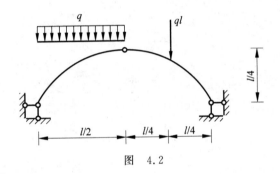

图 4.2

5. 图 4.3 所示三铰拱左支座的竖向反力为零。 ( )

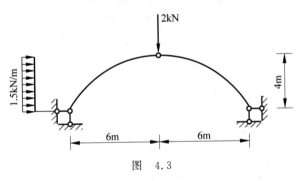

图 4.3

专项训练成绩:

优　秀　90～100 分　☐

良　好　80～89 分　☐

中　等　70～79 分　☐

合　格　60～69 分　☐

不合格　60 分以下　☐

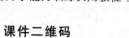

课件二维码

静定拱

第 5 章

静定平面桁架

学习指导

【本章知识结构】

知 识 模 块	主要知识点	掌 握 程 度
静定平面桁架的计算	结点法计算静定平面桁架	掌握
	截面法计算静定平面桁架	掌握
	组合结构	理解

【本章能力训练要点】

能力训练要点	应 用 方 向
桁架中杆的内力计算方法	桁架结构设计

5.1 基 本 概 念

1. 桁架的特点

(1) 与梁、刚架、三铰拱相比,桁架可以更充分地发挥材料的作用。

(2) 内力计算时的假定。

① 桁架的结点都是理想铰结点。

② 各杆的轴线都是直线并通过铰的中心。

③ 荷载和支座反力都作用在结点上。

（3）二力杆——桁架各杆件内力只有轴力（受拉或受压）。

2. 桁架的组成和分类

（1）组成。

$$弦杆\begin{cases}上弦杆\\下弦杆\end{cases}\qquad 腹杆\begin{cases}斜杆\\竖杆\end{cases}$$

（2）分类。

① 简单桁架：由基础或一个基本铰接三角形依次增加二元体而组成的桁架。

② 联合桁架：由几个简单桁架按几何不变体系的基本组成规则而联合组成的桁架。

③ 复杂桁架：除以上两种方式组成的其他静定桁架。

5.2 桁架内力计算方法

1. 结点法

取结点为隔离体及以此进行分析的方法称为结点法。先求出支座反力，再从桁架的一端依次取结点为隔离体进行求解即可。注意合理选取求解顺序，使每个结点隔离体未知量值不能超过两个，建立两个平衡方程 $\sum X=0$ 和 $\sum Y=0$。结点法最适用于计算简单桁架。

2. 截面法

根据求解问题的需要，用一个合适截面切断拟求内力的杆件，将桁架分成两部分，从桁架中取出受力简单的一部分作为隔离体（至少包含两个结点），隔离体受力（荷载、反力、已知杆轴力、未知杆轴力）组成一个平面一般力系，可以建立三个独立平衡方程。由三个平衡方程 $\sum X=0,\sum Y=0$ 和 $\sum M=0$ 可以求出三个未知杆的轴力。

根据所采用的方程性质，又可分为投影法（$\sum X=0,\sum Y=0$）和力矩法（$\sum M=0$）。截面法最适用于联合桁架的计算和简单桁架中少数指定杆件的内力计算。

在各种桁架的计算中，若只需求解某几根指定杆件的内力，而单独应用结点法或截面法不能一次求出结果时，则可以联合应用结点法和截面法。

3. 简化计算

利用 $N/l=N_x/l_x=N_y/l_y$ 避免解联立方程，先求分力再求合力。

判定零杆、等力杆特殊杆件，简化计算。

斜杆的轴力及其作用线移到合适位置分解，便于求力臂。

5.3 常用梁式桁架的比较

（1）平行弦桁架内力分布不均匀，利于制造标准化。

（2）三角形桁架的内力分布也不均匀，弦杆内力在两端最大，且端结点处夹角甚小，构造布置较为困难。

（3）抛物线形桁架的内力分布均匀，节约材料，意义较大，最经济，但构造较复杂。

5.4 组 合 结 构

组合结构是指由链杆和受弯杆件混合组成的结构，其中链杆（两铰直杆且杆身上无荷载作用）只受轴力（又称二力杆），受弯杆件同时还受弯矩和剪力作用。常用作房屋建筑中的屋架、吊车梁以及桥梁的承重结构。

（1）结构组成。

由只受轴力的二力杆和承受弯矩、剪力、轴力的受弯杆件（梁式杆）组成。

（2）内力计算。

计算组合结构时，应分清各杆内力性质，并进行几何组成分析。对可分清主次的结构，按层次图，依照次要结构向主要结构的顺序，逐个结构进行内力分析；对无主次结构关系的，则需在求出支座反力后，先求联系桁杆的内力，再分别求出其余桁杆以及梁式杆的内力，最后作出其内力图。

5.5 例 题 详 解

【例 5-1】 试判断图 5.1 所示桁架中的零杆。

解：易知杆件 1、2、3、4 为 T 形结点零杆；

杆件 6、7 和 8、9 为等力杆；

零杆为图 5.2 中 1～7 标注杆件。

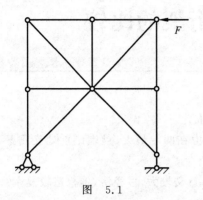

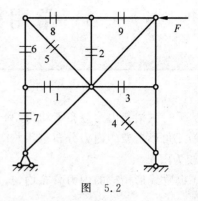

图 5.1 图 5.2

【例 5-2】 试用截面法计算图 5.3 所示桁架中指定杆件的内力。

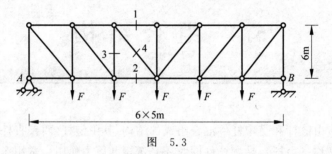

图 5.3

解：(1) 力矩法

求 F_{N1}、F_{N2}：取截面 Ⅰ—Ⅰ（图 5.4）

由 $\sum M_O = 0$

得 $2.5F \times 15\text{m} - F \times 10\text{m} - F \times 5\text{m} + F_{N1} \times 6\text{m} = 0$

$F_{N1} = -3.75F$（压）

由 $\sum M_{O_1} = 0$

得 $2.5F \times 10\text{m} - F \times 5\text{m} - F_{N2} \times 6\text{m} = 0$

$F_{N2} \approx -3.33F$（压）

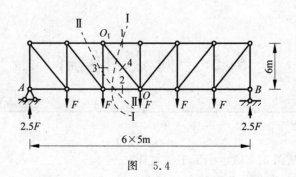

图 5.4

（2）投影法

求 F_{N3}：取截面 Ⅱ—Ⅱ

由 $\sum F_y = 0$

得 $2.5F - 2F + F_{N3} = 0$

$F_{N3} = -0.5F$（压）

求 F_{N4}：取截面 Ⅰ—Ⅰ

由 $\sum F_y = 0$

得 $2.5F - F - F - F_{N4y} = 0$

$F_{N4y} = 0.5F$

$F_{N4} = 0.65F$（拉）

【例 5-3】 试用简便方法求图 5.5 所示桁架中指定杆件的内力。

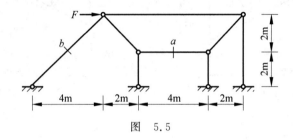

图 5.5

解：（1）截面法

求 F_{Nb}：取截面Ⅰ—Ⅰ上半部分为隔离体（图 5.6）

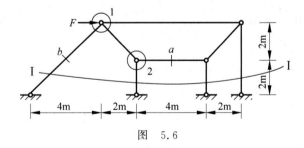

图 5.6

$$\sum F_x = 0$$

$F_{bx} = F$

$F_{Nb} = \sqrt{2}F$

（2）结点法

取结点 1 为隔离体（图 5.7），可知 $F_{x1} = -F$（压）

求 F_{Na}：取结点 2 为隔离体（图 5.8）

$$\sum F_x = 0$$

$F_{Na} = F_{x1} = -F$（压）

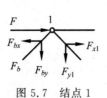

图 5.7 结点 1

图 5.8 结点 2

【例 5-4】 试用截面法计算图 5.9 所示桁架中指定杆件的内力。

解：(1) 求 F_{Na}：取截面 Ⅰ—Ⅰ (图 5.10)

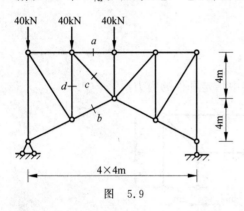

图 5.9

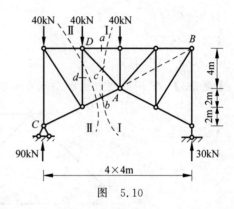

图 5.10

由 $\sum M_A = 0$

得 $90\text{kN} \times 8\text{m} - 40\text{kN} \times 8\text{m} - 40\text{kN} \times 4\text{m} + F_{Na} \times 4\text{m} = 0$

$F_{Na} = -60\text{kN}(压)$

(2) 求 F_{Nb}

取截面 Ⅱ—Ⅱ，对 D 点取矩

$\sum M_D = 0$

得 $90\text{kN} \times 4\text{m} - 40\text{kN} \times 4\text{m} - F_{Nbx} \times 6\text{m} = 0$

$F_{Nbx} \approx 33.3\text{kN}$

$F_{Nb} \approx 37.3\text{kN}(拉)$

(3) 求 F_{Nd}

取截面 Ⅱ—Ⅱ，对 AC 延长线交点 B 点取矩

$\sum M_B = 0$

$90\text{kN} \times 16\text{m} - 40\text{kN} \times 16\text{m} + F_{Nd} \times 12\text{m} = 0$

$F_{Nd} = -66.7\text{kN}(压)$

(4) 求 F_{Nc}

取截面 Ⅱ—Ⅱ，同理

$\sum M_B = 0$

$-40\text{kN} \times 8\text{m} - F_{Ncy} \times 12\text{m} = 0$

$F_{Ncy} = -26.7\text{kN}$

$F_{Nc} = -37.7\text{kN}(压)$

【例 5-5】 试求图 5.11 所示组合结构中各链杆的轴力,并作受弯杆件的内力图。

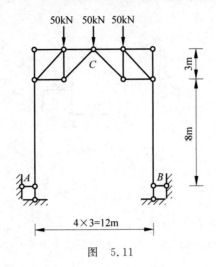

图　5.11

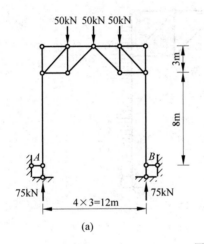

(a)

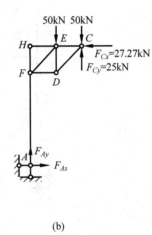

(b)

图　5.12

解:(1) 支座反力(图 5.12(a))

$$\sum M_A = 0 \Rightarrow 50\text{kN} \times 3\text{m} + 50\text{kN} \times 6\text{m} + 50\text{kN} \times 9\text{m} - F_{By} \times 12\text{m} = 0 \Rightarrow F_{By} = 75\text{kN}(\uparrow)$$

$$\sum F_y = 0 \Rightarrow F_{Ay} = 75\text{kN}(\uparrow)$$

沿 C 点拆开(图 5.12(b)):

$$\sum M_C = 0 \Rightarrow -50\text{kN} \times 3\text{m} + 75\text{kN} \times 6\text{m} - F_{Ax} \times 11\text{m} = 0 \Rightarrow F_{Ax} = 27.27\text{kN}(\rightarrow)$$

$$\sum F_x = 0 \Rightarrow F_{Cx} = 27.27\text{kN}(\leftarrow)$$

(2) 由 C 结点平衡得,$\sum F_y = 0$(图 5.13)

$$F_{Cy} = -25\text{kN}(\text{压}) \Rightarrow F_{CDx} = F_{CDy} = -25\text{kN}(\text{压}) \Rightarrow F_{CE} = -(27.27\text{kN} - 25\text{kN}) = -2.27\text{kN}(\text{压})$$

(3) 同理 D、E 结点平衡(图 5.14)

$$\sum F_x = 0 \Rightarrow F_{EH} - F_{EFx} + 2.27\text{kN} = 0 \Rightarrow F_{EH} = 72.73\text{kN}(\text{拉})$$

$$\sum F_y = 0 \Rightarrow F_{ED} = 25\text{kN}(\text{拉}) \Rightarrow F_{EFx} = F_{EFy} = -75\text{kN}(\text{压}) \Rightarrow F_{EF} = \sqrt{2}\,F_{EFx} = -106.07\text{kN}(\text{压})$$

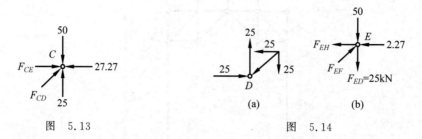

图　5.13　　　　　　　　　　　　　　　图　5.14

（4）作内力图

左半侧与右半侧对称,如图 5.15 所示。

$$M_F = F_{Ax} \times 8\text{m} = 27.27\text{kN} \times 8\text{m} = 218.16\text{kN} \cdot \text{m}(\text{外侧受拉})$$

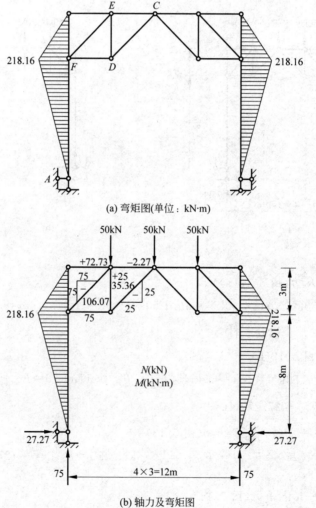

(a) 弯矩图(单位: kN·m)

(b) 轴力及弯矩图

图　5.15

【例 5-6】 试用简便方法求图 5.16 所示桁架中指定杆件的内力。

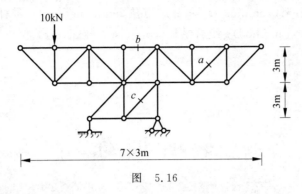

图 5.16

解：(1) 整体分析求支座反力

$$\sum M_B = 0 \Rightarrow -10\text{kN} \times 9\text{m} + F_{Ay} \times 6\text{m} = 0 \Rightarrow F_{Ay} = 15\text{kN}$$

(2) 通过零杆判断可知 $F_{Na} = 0$

(3) 求 F_{Nb}

取截面 I—I（图 5.17）

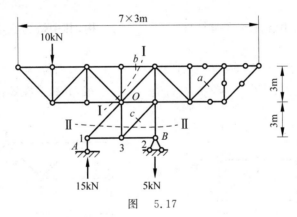

图 5.17

$$\sum M_O = 0 \Rightarrow -10\text{kN} \times 6\text{m} + F_{Nb} \times 3\text{m} = 0 \Rightarrow F_{Nb} = 20\text{kN}(\text{拉})$$

(4) 结点法（图 5.18）

作截面 II—II，$\sum F_x = 0 \Rightarrow F_{Nc} = 15\sqrt{2}\,\text{kN}$。

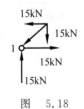

图 5.18

专 业 词 汇

杆件(bar)；铰结点(hinged joint)；桁架(truss)；平面桁架(plane truss)；弦杆(chord member)；上弦杆(upper chord member)；下弦杆(lower chord member)；腹杆(web member)；竖杆(vertical member)；斜杆(skew bar)；简单桁架(simple truss)；联合桁架(joint truss)；复杂桁架(complex truss)；结点法(joint method)；零杆(member without force)；截面法(section method)；组合结构(composite structure)。

专 项 训 练

一、填空题(每题 5 分,共计 25 分)

1. 由一个基本铰接三角形依次增加二元体而组成的桁架称为_____,由几个简单桁架按几何不变体系组成规则的桁架称为_____,按上述两种方式以外组成的其他静定桁架称为_____。

2. 组合结构是指由链杆和受弯杆件_____的结构,其中链杆只有_____,受弯杆件同时有_____和_____。

3. 图 5.19 所示桁架中杆 1 和杆 2 的轴力 $N_1 =$_____,$N_2 =$_____。

4. 图 5.20 所示桁架中内力为零的杆件有_____根,并标示在零杆上。

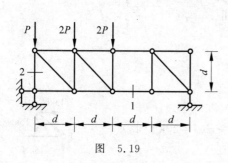

图 5.19

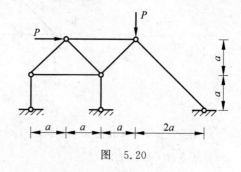

图 5.20

5. 图 5.21 所示结构中内力为零的杆件有_____根,并标示在零杆上。

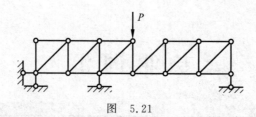

图 5.21

二、判断题(每题 5 分,共计 25 分)

1. 因为零杆的轴力为零,故该杆从该静定结构中去掉,不影响结构的功能。　　(　　)

2. 图 5.22 所示桁架中，$N_1 = N_2 = N_3 = 0$。　　　　　　　　　　　（　　）

3. 图 5.23 所示桁架中，连接 E 结点的三根杆件的内力均为零。　　　（　　）

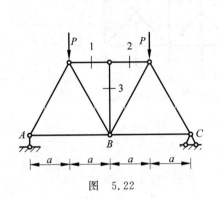

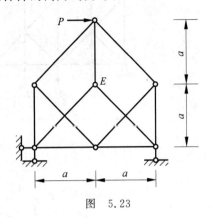

图　5.22　　　　　　　　　　　　图　5.23

4. 采用组合结构可以减少梁式杆件的弯矩，充分发挥材料强度，节省材料。　（　　）

5. 图 5.24 所示结构中，支座反力为已知值，则由结点 D 的平衡条件即可求得 F_{NCD}。

　　　　　　　　　　　　　　　　　　　　　　　　　　　　　　　　（　　）

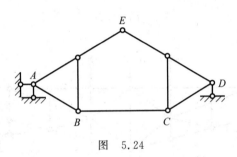

图　5.24

三、计算题（每题 **10** 分，共计 **50** 分）

1. 试用结点法计算图 5.25 所示桁架各杆的内力。

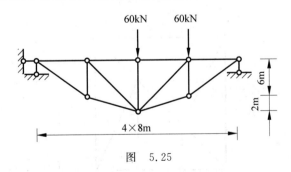

图　5.25

2. 求图 5.26 所示桁架中指定杆件的内力。

3. 求图 5.27 所示桁架中指定杆件的内力。

4. 求图 5.28 所示桁架中指定杆件的内力。

5. 求图 5.29 所示桁架中指定杆件的内力。

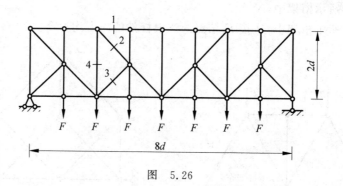

图 5.26

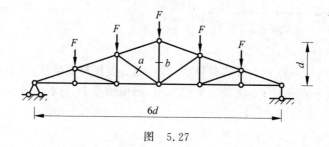

图 5.27

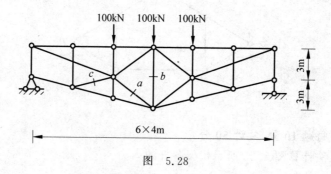

图 5.28

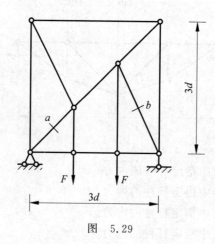

图 5.29

专项训练成绩：

优　秀　90～100 分　☐
良　好　80～89 分　☐
中　等　70～79 分　☐
合　格　60～69 分　☐
不合格　60 分以下　☐

课件二维码

静定平面桁架

第6章

结构位移计算

学习指导

【本章知识结构】

知 识 模 块	主要知识点	掌 握 程 度
静定结构的位移计算	虚功原理	了解
	单位荷载法	掌握
	图乘法	掌握
	互等定理	理解

【本章能力训练要点】

能力训练要点	应 用 方 向
图乘法计算梁和刚架的位移	刚度校核、超静定结构的计算
互等定理的应用	力法方程、位移法方程的建立

6.1 概　述

在荷载等外因作用下结构将产生形状的改变,这种改变称为结构变形,结构变形引起结构上任一横截面位置和方向的改变,称为位移(移动或转动)。

1．结构的位移

（1）一个截面的位移（绝对位移）。

① 线位移：点的位置的移动称为线位移。

② 角位移：截面所转过的角度称为角位移。

（2）两个截面之间的位移（相对位移）。

① 相对线位移。

② 相对角位移。

（3）一个微段杆的位移。

① 相对线位移（刚体位移，不计微段的变形）：u、v、θ。

② 相对角位移（反映微段的变形，因此又称变形位移）：du、dv、$d\theta$。这是描述微段总变形的三个基本参数。

2．结构位移的主要原因

（1）外荷载。

（2）支座位移。

（3）构件几何尺寸制造误差。

（4）材料收缩等。

3．计算结构位移的主要目的

（1）校核结构刚度。

（2）为计算其静定结构内力打基础。

（3）以结构的位移计算作为基础的结构稳定分析、动力分析；在结构制造和分工中，用加长和缩短杆件的长度来达到整个结构向上拱起的目的；在静定结构的内力计算中，用调整杆件长度、移动支座来改变结构正负弯矩的大小，从而达到优化结构内力分布的目的。

6.2　变形体系的虚功原理

1．虚功原理两种状态时应具备条件

（1）材料处于线弹性阶段，即应力与应变成正比（$\sigma = E\varepsilon$）。

（2）变形微小，不影响力的作用。

2．实功与虚功

所谓实功，是指力在其自身引起的位移上所做的功。所谓虚功，是指力在另外原因（如另外的荷载、温度变化、支座移动等)引起的位移上所做的功。

3. 广义力和广义位移

做功时与力有关的因素,称为广义力,可以是单个力、单个力偶、一组力、一组力偶等。做功时与位移有关的因素,称为与广义力相应的广义位移,可以是绝对线位移、绝对角位移、相对线位移、相对角位移等。

4. 变形体系的虚功原理

变形体系处于平衡的充要条件是,对于符合约束条件的任意微小虚位移,变形体系上所有外力在虚位移上所做虚功的总和等于各微段上内力在其变形虚位移上所做虚功的总和。

引起结构位移的因素有很多,单位荷载法来源于虚功原理,公式中所有项的实质都是功。

6.3 静定结构的位移计算

1. 单位荷载法

计算结构位移的虚功法以虚功原理为基础,所导出的单位荷载法最为实用。单位荷载法能直接求出结构任一截面、任一形式的位移,能适用于各种外因,且能适合于各种结构;还解决了重积分法推导位移方程较烦琐且不能直接求出任一指定截面位移的问题。

2. 静定结构位移计算公式

(1) 平面杆件结构在荷载作用下的位移计算公式。

$$\Delta_{\mathrm{KP}} = \sum \int \overline{F}_{\mathrm{N}} \cdot \frac{F_{\mathrm{NP}}}{EA} \mathrm{d}s + \sum \int \overline{M} \cdot \frac{M_{\mathrm{P}}}{EI} \mathrm{d}s + \sum \int \overline{F}_{\mathrm{S}} \cdot k \frac{F_{\mathrm{SP}}}{GA} \mathrm{d}s \qquad (6\text{-}1)$$

① 梁、刚架(主要受弯)。

在梁和刚架中,位移主要是弯矩引起的,轴力和剪力的影响较小,因此,位移公式可简化为

$$\Delta = \sum \int \frac{\overline{M} M_{\mathrm{P}}}{EI} \mathrm{d}s \qquad (6\text{-}2)$$

② 桁架(主要受压)。

在桁架中,在结点荷载作用下,各杆只受轴力,而且每根杆的截面面积 A 以及轴力和 F_{NP} 沿杆长一般都是常数,因此,位移公式简化为

$$\Delta = \sum \int \frac{\overline{F}_N F_{NP}}{EA} \mathrm{d}s = \sum \frac{\overline{F}_N F_{NP} l}{EA} \tag{6-3}$$

③ 组合结构。

组合结构中,梁式杆主要受弯,桁杆只受轴力作用,因此位移公式可简化为

$$\Delta = \sum \int \frac{\overline{M} M_P}{EI} \mathrm{d}s + \sum \int \frac{\overline{F}_N F_{NP}}{EA} \mathrm{d}s \tag{6-4}$$

(2) 非荷载作用引起的结构位移计算公式。

① 温度改变引起的结构位移。

梁刚架

$$\Delta = \sum \int \overline{F}_N \cdot \alpha t \, \mathrm{d}s + \sum \int \overline{M} \cdot \frac{\alpha \Delta t}{h} \mathrm{d}s \tag{6-5}$$

如果材料温度尚沿杆长不变,而且杆件为等截面,则式(6-5)可改写为

$$\Delta = \sum \frac{\alpha \Delta t}{h} A_{\overline{M}} + \sum \alpha t A_{\overline{F}_N} \tag{6-6}$$

式中,$A_{\overline{M}}$ 和 $A_{\overline{F}_N}$ 分别为广义单位力引起的杆件弯矩图面积和轴力图面积。

桁架

$$\Delta = \sum \overline{F}_N \alpha t l \tag{6-7}$$

桁架制造误差位移计算公式

$$\Delta = \sum \overline{F}_N \cdot \Delta l \tag{6-8}$$

② 支座移动引起的结构位移。

$$\Delta = -\sum \overline{F}_R c \tag{6-9}$$

6.4　图　乘　法

1. 图乘法适用条件

(1) 杆轴是直线。

(2) EI 为常数。

(3) M_P 与 $\overline{M}$ 中至少有一个是直线图形。

2. 图乘法计算公式

$$\int \frac{\overline{M} M_P}{EI} \mathrm{d}s = \frac{A y_0}{EI} \tag{6-10}$$

式(6-10)等于一个弯矩图的面积 A 乘以其形心 C 处所对应的另一直线弯矩图上的竖向坐标 y_0,再除以 EI。

这种以图形计算代替积分运算的位移计算方法,称为图形相乘法(简称图乘法)。

3. 图乘法计算步骤

(1)作实际荷载弯矩图 M_P。

(2)加相应单位荷载,作单位弯矩图 $\overline{M}$。

(3)用图乘法公式求位移。

4. 应用时注意事项

(1)M_P 与 $\overline{M}$ 图在杆件同侧时,图乘结果为正;否则图乘结果为负。

(2)y_0 必须取自沿面积的整个长度内是一直线变化的图形,否则(指折线情况)应分段图乘。

(3)若 M_P 与 $\overline{M}$ 图都是直线图形,则纵坐标取哪个都可以。

(4)若为阶形杆,则应分段图乘;若 EI 沿杆长连续变化或是曲杆,则必须积分计算。

6.5 线弹性结构的互等定理

(1)功的互等定理:$W_{12} = W_{21}$。

(2)位移互等定理:$\delta_{ij} = \delta_{ji}$。

(3)反力互等定理:$\gamma_{ij} = \gamma_{ji}$。

(4)反力与位移互等定理:$\gamma_{ij} = -\delta_{ji}$。

以上各互等定理只适用于线弹性体系。

6.6 例 题 详 解

【例 6-1】 试用图乘法求指定位移(求最大挠度,图 6.1)。

解:此结构为对称结构,应用图乘法计算时只需计算图形的一半,乘以 2。

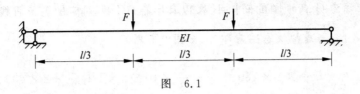

图 6.1

（1）作实际荷载弯矩 M_{P} 图（图 6.2）

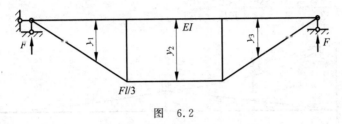

图 6.2

（2）加相应单位荷载，作单位弯矩 $\overline{M}$ 图（图 6.3）

$$y_1 = \frac{Fl}{3} \times \frac{2}{3} = \frac{2Fl}{9}$$

$$y_2 = \frac{Fl}{3}$$

$$y_3 = \frac{2Fl}{9}$$

$$A_1 = \frac{l}{3} \times \frac{l}{6} \times \frac{1}{2} = \frac{l^2}{36}$$

$$A_2 = \left(\frac{l}{6} + \frac{l}{4}\right) \times \frac{l}{6} \times \frac{1}{2} \times 2 = \frac{5l^2}{72}$$

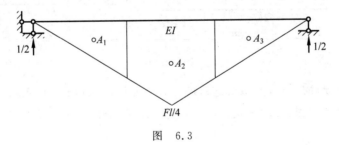

图 6.3

（3）代入公式得

$$y = \sum \frac{Ay}{EI} = \frac{\dfrac{2Fl}{9} \times \dfrac{l^2}{36} + \dfrac{Fl}{3} \times \dfrac{5l^2}{72} + \dfrac{2Fl}{9} \times \dfrac{l^2}{36}}{EI} = \frac{23Fl^3}{648EI}(\downarrow)$$

【例 6-2】 试用图乘法求图 6.4 所示结构指定位移 Δ_{Cy}。

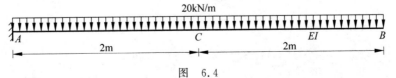

图 6.4

解： 此题应注意 C 点的位置在中间，故只应计算 AC 段。画出 A 点弯矩和 C 点弯矩，再由中点 $\frac{1}{8}ql^2 = 10$，与虚拟状态图乘即可，如图 6.5 所示。

$$\Delta_{Cy} = \frac{Ay}{EI} = \frac{\frac{1}{2} \times 2 \times 160 \times \frac{4}{3} - \frac{2}{3} \times 10 \times 2 \times 1 + \frac{1}{2} \times 2 \times 40 \times \frac{2}{3}}{EI}$$

$$= \left(\frac{640}{3} - \frac{40}{3} + \frac{80}{3}\right)\frac{1}{EI} = \frac{680}{3EI}(\downarrow)$$

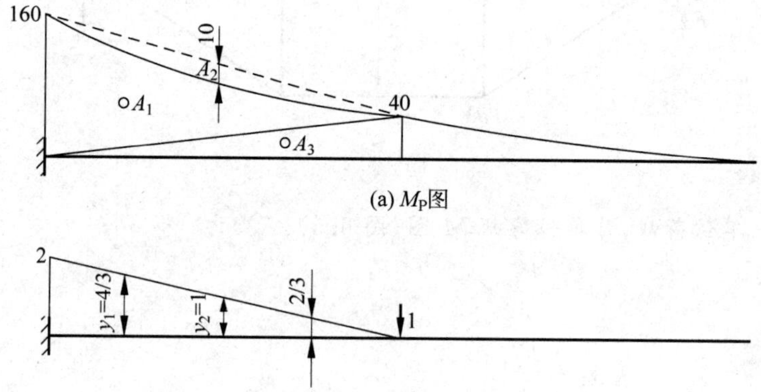

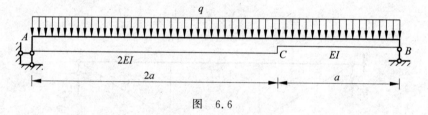

(a) M_P图

(b) $\overline{M}_1$图

图 6.5

【例 6-3】 试用图乘法求图 6.6 所示结构指定位移 φ_B。

图 6.6

解： 在 B 点施加 $\overline{M}_B = 1$（虚拟状态），因为 AC 段与 BC 段刚度不同，故应分别列公式计算，易求 $M_B = qa^2$。由图乘法则，找出各形心对应距离，如图 6.7 所示即可。

$$y_1 = \frac{2}{3} \times \frac{2}{3} = \frac{4}{9}$$

$$y_2 = \frac{2}{3} \times \frac{1}{2} = \frac{1}{3}$$

$$y_3 = \frac{4}{9} + \frac{1}{3} = \frac{7}{9}$$

$$y_4 = \frac{1 + \frac{2}{3}}{2} = \frac{5}{6}$$

$$A_1 = \frac{1}{2} \times 2a \times qa^2 = qa^3$$

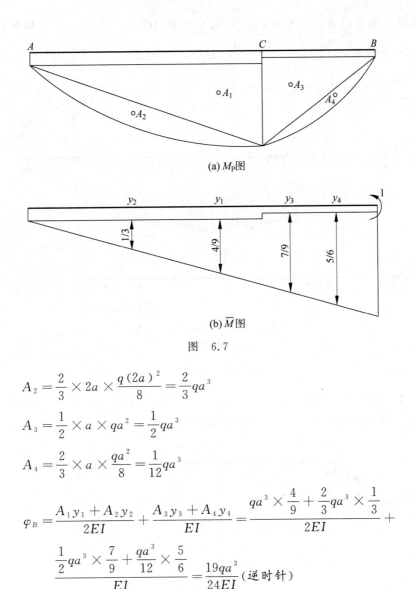

(a) M_P图

(b) $\overline{M}$图

图　6.7

$$A_2 = \frac{2}{3} \times 2a \times \frac{q(2a)^2}{8} = \frac{2}{3}qa^3$$

$$A_3 = \frac{1}{2} \times a \times qa^2 = \frac{1}{2}qa^3$$

$$A_4 = \frac{2}{3} \times a \times \frac{qa^2}{8} = \frac{1}{12}qa^3$$

$$\varphi_B = \frac{A_1 y_1 + A_2 y_2}{2EI} + \frac{A_3 y_3 + A_4 y_4}{EI} = \frac{qa^3 \times \frac{4}{9} + \frac{2}{3}qa^3 \times \frac{1}{3}}{2EI} +$$

$$\frac{\frac{1}{2}qa^3 \times \frac{7}{9} + \frac{qa^3}{12} \times \frac{5}{6}}{EI} = \frac{19qa^3}{24EI}(逆时针)$$

【例 6-4】　求图 6.8 所示 C、D 两点距离的改变。

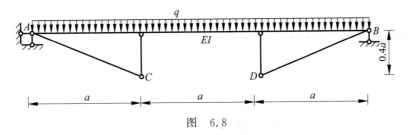

图　6.8

解：CD 两点距离改变，在 C、D 两点加相对方向的力 $\overline{M}_C = \overline{M}_D = 1$，求出虚拟状态弯矩。对于实际状态，桁架杆为零杆，故易求出 M_P，代入图乘法公式即可，如图 6.9 所示。

$$\Delta_{CD} = \frac{2 \times \left(\frac{1}{2}a \times qa^2 \times \frac{0.8a}{3} + \frac{2}{3} \times a \times \frac{qa^2}{8} \times 0.2a \right)}{EI} +$$

$$\frac{a \times qa^2 \times 0.4a + \frac{2}{3} \times a \times \frac{qa^2}{8} \times 0.4a}{EI} = \frac{11qa^4}{15EI} (\longleftrightarrow)$$

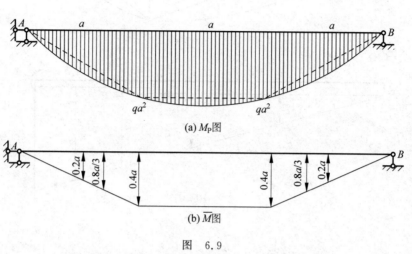

(a) M_P图

(b) $\overline{M}$图

图 6.9

【**例 6-5**】 结构的温度改变如图 6.10 所示,试求 C 点的竖向位移。已知各杆截面相同且对称于形心轴,其厚度为 $h = l/10$,材料的线膨胀系数为 α。

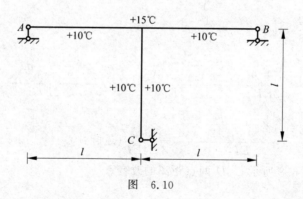

图 6.10

解: 当对 C 施加向下荷载时,轴力仅存在于竖杆,$t = \dfrac{10℃ + 10℃}{2} = 10℃$,如图 6.11 所示。

$$\Delta t = t_2 - t_1 = 10℃ - 15℃ = -5℃$$

$$t = \frac{t_1 + t_2}{2} = \frac{10℃ + 10℃}{2} = 10℃$$

$$\Delta C_y = \sum \alpha t A_\omega \overline{F}_N + \sum \frac{\alpha \Delta t}{h} A_\omega \overline{M} = \alpha \times 10 \times (-l) + \frac{\alpha \times (-5)}{l/10} \times$$

$$\left(-2l \times \frac{l}{2} \times \frac{1}{2} \right) = 15\alpha l \, (\uparrow)$$

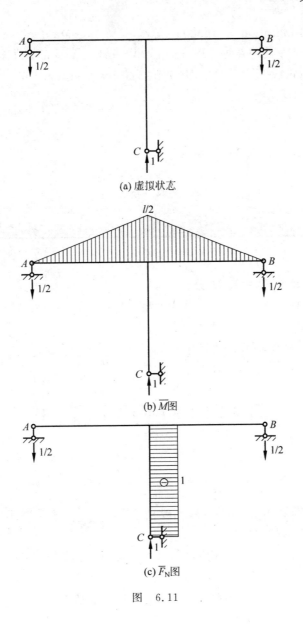

图 6.11

专 业 词 汇

位移(displacement)；挠度(deflection)；线位移(linear displacement)；角位移(angular displacement)；广义力(generalized force)；广义位移(generalized displacement)；应变能(strain energy)；虚功原理(principle of virtual work)；积分法(method of integration)；图

乘法（diagram multiplication method）；支座移动（variation of supports）；互等定理（reciprocal theorems）；功的互等定理（reciprocal work theorem）；位移互等定理（reciprocal displacement theorem）；反力互等定理（reciprocal reaction theorem）。

专 项 训 练

一、填空题（每题 5 分，共计 25 分）

1. 结构变形是指结构的_____发生改变，结构的位移是指结构某点的_____发生改变，其位移又分为_____位移和_____位移。

2. 图 6.12 所示结构 B 点的竖向位移 Δ_{By} 为_____。

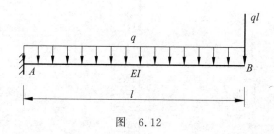

图 6.12

3. 计算刚架在荷载作用下的位移，一般只考虑_____变形的影响，当杆件较短粗时还应考虑_____变形的影响。

4. 应用图乘法求杆件结构的位移时，必须满足如下三个条件：_____；_____；_____。

5. 虚位移原理是在给定力系与_____之间应用虚功方程；虚力原理是在_____与给定位移状态之间应用虚功方程。

二、判断题（每题 5 分，共计 25 分）

1. 静定结构中由于支座移动和温度影响产生位移时不产生内力。　　　　　（　　）

2. 应用虚力原理求体系的位移时，虚设力状态可在需求位移处添加相应的非单位力，亦可求得该位移。　　　　　（　　）

3. 在荷载作用下，刚架和梁的位移主要是由各杆的弯曲变形引起的。　　　　　（　　）

4. 图 6.13 所示梁的跨中挠度为零。　　　　　（　　）

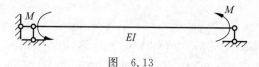

图 6.13

5. 在非荷载因素(支座移动、温度变化、材料收缩)作用下,静定结构不产生内力,但会有位移且位移只与杆件相对刚度有关。 ( )

三、计算题(每题 **10** 分,共计 **50** 分)

1. 结构分别承受两组荷载作用,如图 6.14 所示,下列等式中哪些是正确的?(各位移均以相应广义力指向一致为正)

(1)图 6.14(a)中 D 截面的转角等于图 6.14(b)中 C 点的水平位移。

(2)图 6.14(a)中 C 点的水平位移等于图 6.14(b)中 D 截面的转角。

(3)图 6.14(a)中 C 铰两侧截面相对转角等于图 6.14(b)中 D 点的水平位移。

(4)图 6.14(a)中 D 点的水平位移等于图 6.14(b)中 C 铰两侧截面相对转角。

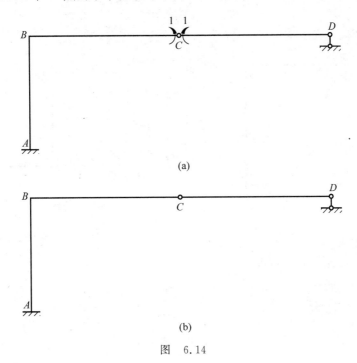

图 6.14

2. 在图 6.15 所示桁架中,AD 杆的温度上升 t,试求结点 C 的竖向位移。

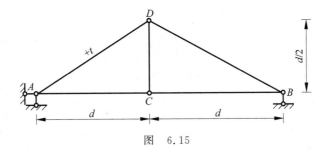

图 6.15

3. 图 6.16 所示简支刚架支座 B 下沉 b,试求 C 点水平位移。

4. 求刚架支座 D 处的水平位移,EI 为常数,杆件长度均为 L,如图 6.17 所示。

5. 求图 6.18 中 C 的竖向位移 Δ_{Cy},EA = 常数。

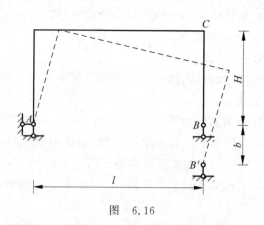

图 6.16

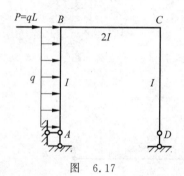

图 6.17

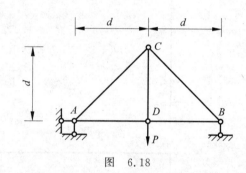

图 6.18

专项训练成绩:

优　秀　90~100 分　☐

良　好　80~89 分　☐

中　等　70~79 分　☐

合　格　60~69 分　☐

不合格　60 分以下　☐

课件二维码

结构位移计算

第 7 章

力　法

学习指导

【本章知识结构】

知识模块	主要知识点	掌握程度
力法求解超静定结构	超静定结构的特点和超静定次数的确定	掌握
	力法的典型方程	掌握
	对称性的利用	理解
	力法的计算示例	掌握

【本章能力训练要点】

能力训练要点	应用方向
超静定次数的确定	建立基本结构
力法方程的应用	计算内力、绘制内力图
对称性的利用	简化计算

7.1　概　述

1. 超静定结构的特点

（1）在几何组成方面：静定结构是没有多余约束的几何不变体系，而超静定结构则是有多余约束的几何不变体系。

（2）在静力分析方面：静定结构的支座反力和截面内力都可以用静力平衡条件唯一确定，而超静定结构的支座反力和截面内力不能完全由静力平衡条件唯一确定。

2. 超静定次数的确定方法

超静定次数等于多余约束数，也等于变成基本结构所解除的约束数，还等于基本体系上所暴露的约束数。超静定次数的确定方法包括以下两种。

（1）第 2 章中计算平面体系几何自由度的方法。

（2）在超静定结构中去多余约束，使其成为静定结构的方法。

① 移去一根支杆或切断一根链杆，相当于解除一个约束。

② 移去一个不动铰支座或切开一个单铰，相当于解除两个约束。

③ 移去一个固定支座或切断一根梁式杆，相当于解除三个约束。

④ 将固定支座改为不动铰支座或将梁式杆中某截面改为铰接，相当于解除一个转动约束。

7.2　力法的基本概念

1. 转换中的"三个基本"

（1）基本未知量：多余约束力中的力或力矩。

（2）基本体系：受力与原超静定结构相同的静定结构。

（3）基本方程：消除基本体系多余未知力处的位移与原结构位移的差别的方程。

2. 基本结构和基本体系

（1）基本结构：将原结构解除多余约束后得到的无任何荷载及外加因素的静定结构。因此，基本结构必须是几何不变且无多余约束的。基本结构只能由原结构减少约束而得到，不能增加新的约束。

（2）基本体系：在基本结构上以基本未知力代替全部被解除的约束，并在体系上作用全部原荷载及外加因素。

7.3 力法的典型方程

推广到 n 次超静定结构：对于一个 n 次超静定结构，有 n 个多余约束，解除全部多余约束，用 n 个多余力代替，得到一个静定的基本结构，在原结构及 n 个多余力共同作用下，n 个解除约束处的位移与原结构位移相同，也就是有 n 个位移条件得到 n 个一般方程。

$$\begin{cases} \delta_{11}X_1 + \delta_{12}X_2 + \cdots + \delta_{1n}X_n + \Delta_{1P} = 0 \\ \delta_{21}X_2 + \delta_{22}X_2 + \cdots + \delta_{2n}X_n + \Delta_{2P} = 0 \\ \quad\vdots \\ \delta_{n1}X_1 + \delta_{n2}X_2 + \cdots + \delta_{nn}X_n + \Delta_{nP} = 0 \end{cases} \tag{7-1}$$

方程组(7-1)是力法方程的一般形式，它们在组成上具有一定的规律，而不论超静定结构的次数、类型及所选取的基本结构如何，所得的方程都具有上面的形式，各项表示的意义也相同，称为力法典型方程。式中各系数含义如下。

（1）δ_{ii}：主系数，其为基本结构在多余未知力 $X_i = 1$ 作用下在自身方向上产生的位移，恒为正。

$$\delta_{ii} = \sum \int \frac{\overline{M}_i^2 \mathrm{d}s}{EI} + \sum \int \frac{\overline{F}_{Ni}^2 \mathrm{d}s}{EA} + \sum \int u \frac{\overline{F}_{Si}^2 \mathrm{d}s}{GA} \tag{7-2}$$

（2）δ_{ij}：副系数，其为基本结构在多余未知力 $X_i = 1$ 作用下在 X_{ij} 方向上产生的位移，可正、可负或零。

$$\delta_{ij} = \delta_{ji} = \sum \int \frac{\overline{M}_i \overline{M}_j \mathrm{d}s}{EI} + \sum \int \frac{\overline{F}_{Ni} \overline{F}_{Nj} \mathrm{d}s}{EA} + \sum \int u \frac{\overline{F}_{Si} \overline{F}_{Sj} \mathrm{d}s}{GA} \tag{7-3}$$

（3）Δ_{iP}：自由项，其为基本结构在荷载作用下在第 i 个多余未知力方向上产生的位移，可正、可负或零。

$$\Delta_{iP} = \sum \int \frac{\overline{M}_i M_P \mathrm{d}s}{EI} + \sum \int \frac{\overline{F}_{Ni} F_{NP} \mathrm{d}s}{EA} + \sum \int u \frac{\overline{F}_{Si} F_{SP} \mathrm{d}s}{GA} \tag{7-4}$$

7.4 力法的计算步骤

（1）确定结构的超静定次数，以多余未知力代替相应的多余约束，得到原结构的力法基本体系；

（2）建立力法典型方程并展开；

（3）计算系数与自由项；

（4）求解典型方程；

（5）由叠加法绘制结构内力图。

7.5　对称性结构简化计算

所谓结构的对称性是指结构的几何形状、内部联结、支承条件以及杆件刚度均对于某一轴线是对称的。对于对称结构，可以利用其对称性进行简化计算。

1. 选取对称的基本结构

（1）简化副系数。

（2）简化自由项。

① 对称荷载在对称结构中只引起对称的反力、内力和变形，因此，反对称的未知力必等于零，而只有对称未知力。

② 反对称荷载在对称结构中只引起反对称的反力、内力和变形，因此，对称的未知力必等于零，而只有反对称未知力。

（3）当对称结构上作用任意荷载时，可以根据求解的需要把荷载分解为对称荷载和反对称荷载两部分，按两种荷载分别计算后再叠加。

2. 选取等效的半结构

（1）奇数跨对称刚架。

对称荷载作用下，只产生对称的内力和位移，C 处不发生角位移和水平线位移，该截面上只有 M、F_N，而无 F_S。对称刚架对称轴处构件联结可处理为定向支座（图 7.1）。

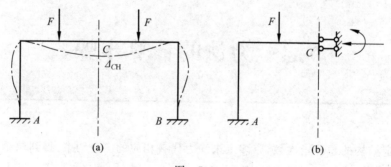

图　7.1

反对称荷载作用下,只产生反对称的内力和位移,C 无竖向位移,但有水平位移和角位移,相应地只有 F_S,而无 M、N。对称刚架对称轴处构件联结可处理为活动铰支座(图 7.2)。

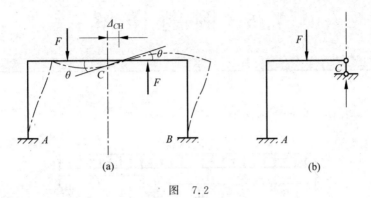

图 7.2

(2)偶数跨对称刚架。

对称荷载作用下,只产生对称的内力和位移,C 处不发生角位移和水平线位移,也无竖向位移。对称刚架对称轴处构件联结可处理为固定支座(图 7.3)。

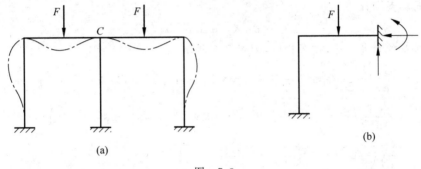

图 7.3

反对称荷载作用下,将其中间柱设想为由两根刚度各为 $EI/2$ 竖柱组成,它们在顶端分别与横梁刚接。由于荷载是反对称的,将此两柱中间的横梁切开,切口上只有剪力。这对剪力将只使两柱分别产生等值反号的轴力而不使其他杆件产生内力。原结构中间柱的内力等于该两柱内力之和,故剪力实际上对原结构的内力和变形均无影响,因此可将其去掉不计,取半结构进行计算(图 7.4)。

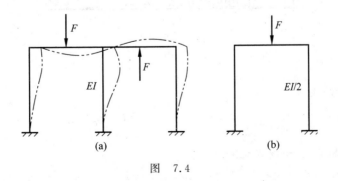

图 7.4

7.6 例 题 详 解

【例 7-1】 试作图 7.5 所示超静定梁的 M、F_S 图。

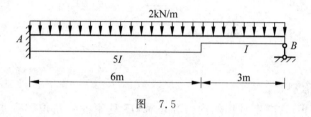

图   7.5

解：(1) 一次超静定，有一个多余未知力，设为 X_1。

(2) 列典型方程。

$$\delta_{11} X_1 + \Delta_{1P} = 0$$

(3) 求系数和自由项，作弯矩图，如图 7.6 所示。

$$\delta_{11} = \frac{1}{5EI}\left(\frac{3 \times 6}{2} \times 5 + \frac{1}{2} \times 9 \times 6 \times 7\right) + \frac{1}{EI}\left(\frac{1}{2} \times 3 \times 3 \times \frac{2}{3} \times 3\right) = \frac{55.8}{EI}$$

$$\Delta_{1P} = -\frac{1}{5EI}\left(\frac{1}{2} \times 6 \times 9 \times 5 + \frac{1}{2} \times 81 \times 6 \times 7 - \frac{2}{3} \times 6 \times 9 \times 6\right) -$$

$$\frac{1}{EI}\left(\frac{1}{3} \times 3 \times 9 \times \frac{9}{4}\right) = -\frac{344.25}{EI}$$

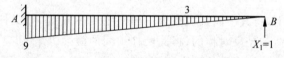

(a) $\overline{M}_1$ 图

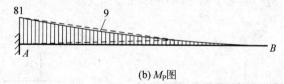

(b) M_P 图

图   7.6

(4) 代入方程，求得

$$X_1 = -\frac{\Delta_{1P}}{\delta_{11}} = \frac{344.25}{EI} \times \frac{EI}{55.8} = 6.17\text{kN}$$

(5) 利用叠加原理，绘制弯矩图（图 7.7）。

$$M = \overline{M}_1 X_1 + M_P$$

$$M_A = 9\text{m} \times 6.17\text{kN} - 81\text{kN} \cdot \text{m} = -25.47\text{kN} \cdot \text{m}(\text{上部受拉})$$

$$\sum M_A = 0$$

$$2\text{kN/m} \times 9\text{m} \times \frac{9\text{m}}{2} - 6.17\text{kN} \times 9\text{m} - F_{SB} \times 9\text{m} - 25.47\text{kN} = 0$$

$$F_{SB} = 0$$

$$F_{SA} = 2\text{kN/m} \times 9\text{m} - 6.17\text{kN} = 11.83\text{kN}(\text{顺时针})$$

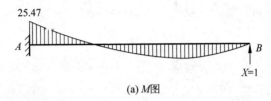

(a) M图

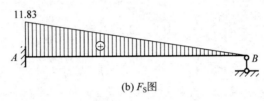

(b) F_S图

图 7.7

【例 7-2】 用力法作图 7.8 所示刚架的 M 图。

解：(1) 这是二次超静定结构，作出基本体系(图 7.9)，未知力为 X_1、X_2。

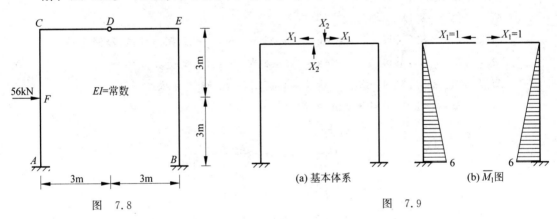

图 7.8   (a) 基本体系   (b) $\overline{M}_1$图

图 7.9

(2) 列典型方程。

$$\begin{cases} \delta_{11}X_1 + \delta_{12}X_2 + \Delta_{1P} = 0 \\ \delta_{21}X_1 + \delta_{22}X_2 + \Delta_{2P} = 0 \end{cases}$$

(3) 求系数自由项，弯矩如图 7.10 所示。

$$\delta_{12} = \delta_{21} = 0$$

$$\delta_{11} = \frac{2}{EI}\left(\frac{1}{2} \times 6 \times 6 \times 6 \times \frac{2}{3}\right) = \frac{144}{EI}$$

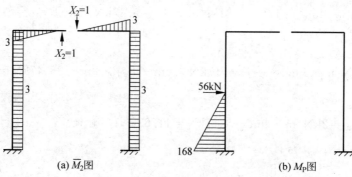

(a) $\overline{M}_2$图　　　　　　　　(b) M_P图

图　7.10

$$\delta_{22} = \frac{2}{EI}\left(3\times 6\times 3 + \frac{1}{2}\times 3\times 3\times 3\times \frac{2}{3}\right) = \frac{126}{EI}$$

$$\Delta_{1P} = -\frac{1}{EI}\left(\frac{1}{2}\times 168\times 3\times 5\right) = -\frac{1260}{EI}$$

$$\Delta_{2P} = -\frac{1}{EI}\left(\frac{1}{2}\times 168\times 3\times 3\right) = -\frac{756}{EI}$$

（4）代入方程，求得

$$\begin{cases}\delta_{11}X_1 + \delta_{12}X_2 + \Delta_{1P} = 0 \\ \delta_{21}X_1 + \delta_{22}X_2 + \Delta_{2P} = 0\end{cases} \Rightarrow \begin{cases}X_1 = 8.75\text{kN}（压力）\\ X_2 = 6\text{kN}（逆时针剪力为负）\end{cases}$$

（5）绘制弯矩图（图 7.11）。

$$M = \overline{M}_1 X_1 + \overline{M}_2 X_2 + M_P$$

$M_{AC} = 6\text{m}\times 8.75\text{kN} + 3\text{m}\times 6\text{kN} - 168\text{kN}\cdot\text{m} = -97.5\text{kN}\cdot\text{m}（外侧受拉）$

$M_{FA} = 3\text{m}\times 8.75\text{kN} + 3\text{m}\times 6\text{kN} = 44.25\text{kN}\cdot\text{m}（内侧受拉）$

$M_{BE} = 6\text{m}\times 8.75\text{kN} - 3\text{m}\times 6\text{kN} = 34.5\text{kN}\cdot\text{m}（内侧受拉）$

$M_{CA} = 3\text{m}\times 6\text{kN} = 18\text{kN}\cdot\text{m}（内侧受拉）$

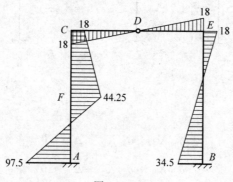

图　7.11

【例 7-3】 用力法计算图 7.12 所示桁架内力。

解：（1）取基本未知量 X_1 建立基本体系，如图 7.12（b）所示。

（2）建立力法基本方程：

$$\delta_{11}X_1 + \Delta_{1P} = 0$$

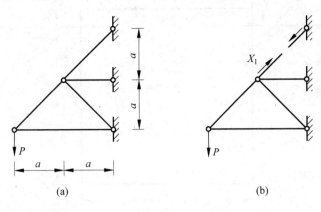

图 7.12

（3）计算系数，自由项：$\delta_{11} = \dfrac{(2+2\sqrt{2})a}{EA}$

$$\Delta_{1P} = -\dfrac{(2+2\sqrt{2})}{EA}Pa$$

（4）代入方程，求得 $X_1 = P$。

（5）按 $N = \overline{M}X_1 + N_P$ 求各杆内力（图 7.13）。

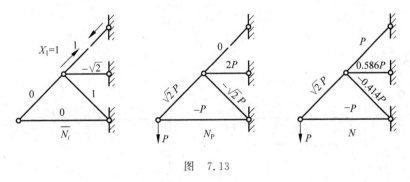

图 7.13

【例 7-4】 试绘制图 7.14 所示对称结构的 M 图。

解题过程：此体系为正对称结构，作出如图 7.12(b)所示基本体系，易知所选点处的剪力为 $F_N = \dfrac{F}{2}$，未知反力为 X_1。

解：（1）利用对称性取 1/4 结构（图 7.15）。

（2）列典型方程

$$\delta_{11}X_1 + \Delta_{1P} = 0$$

（3）求系数和自由项（图 7.16）。

$$\delta_{11} = \frac{2}{EI}\left(1 \times \frac{a}{2} \times 1\right) = \frac{a}{EI}$$

$$\Delta_{1P} = \sum \int \frac{\overline{M}_1 M_P}{EI}\mathrm{d}s = \frac{1}{EI}\left(\frac{1}{2} \times \frac{Fa}{4} \times \frac{a}{2} \times 1\right) = \frac{Fa^2}{16EI}$$

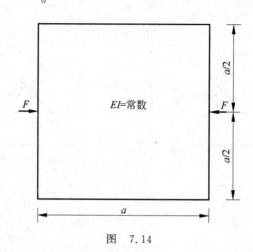

图 7.14

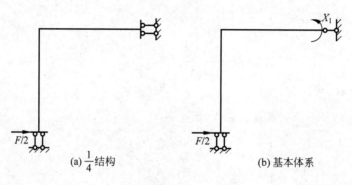

图 7.15

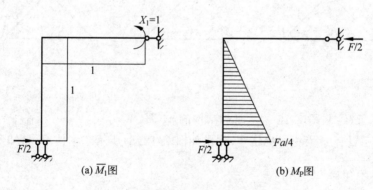

图 7.16

（4）代入方程，求得

$$X_1 = -\frac{\Delta_{1P}}{\delta_{11}} = -\frac{Fa}{16}$$

（5）利用叠加原理，绘制弯矩图（图 7.17）。

$$M = \overline{M}_1 X_1 + M_P$$

$$M_{AB} = 1 \times \left(-\frac{Fa}{16}\right) + \frac{Fa}{4} = \frac{3}{16}Fa（内侧受拉）$$

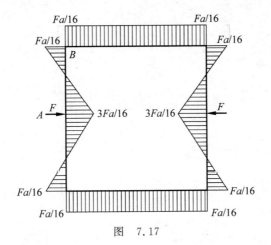

图 7.17

$$M_{BA} = 1 \times \left(-\frac{Fa}{16}\right) = -\frac{Fa}{16}(外侧受拉)$$

【例 7-5】 试分析图 7.18 所示组合结构的内力,绘出弯矩图并求出各杆轴力。已知上弦横梁的 $EI = 1 \times 10^4 \, \text{kN} \cdot \text{m}^2$,腹杆和下弦的 $EA = 2 \times 10^5 \, \text{kN}$。

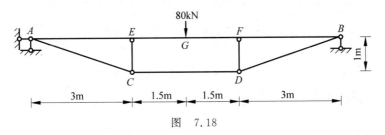

图 7.18

解:(1)一次超静定组合结构。

未知力为 X_1,弯矩 M_1 数值如图 7.19 所示。

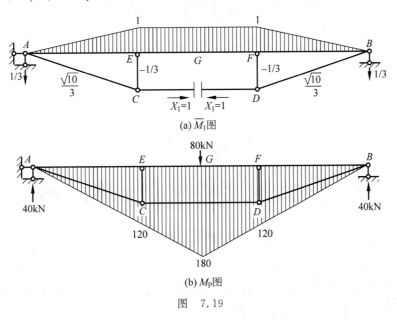

(a) $\overline{M}_1$ 图

(b) M_P 图

图 7.19

（2）列典型方程。

$$\delta_{11} X_1 + \Delta_{1P} = 0$$

（3）求系数和自由项。

$$\delta_{11} = \frac{1}{EI}\left(2 \times \frac{1}{2} \times 3 \times 1 \times \frac{2}{3} + 1 \times 3 \times 1\right) + \frac{1}{EA}\left(1 \times 3 + 2 \times \frac{10}{9} \times \sqrt{10} + 2 \times \frac{1}{9} \times 1\right)$$

$$= \frac{5}{EI} + \frac{3 + \frac{2}{9}(10\sqrt{10} + 1)}{EA}$$

$$\Delta_{1P} = \frac{2}{EI}\left(\frac{1}{2} \times 3 \times 1 \times 120 \times \frac{2}{3} + 1.5 \times 1 \times \frac{120 + 180}{2}\right) + 0 = \frac{690}{EI}$$

（4）代入方程，求得

$$X_1 = -\frac{\Delta_{1P}}{\delta_{11}} = \frac{690}{EI} \Big/ \left[\frac{5}{EI} + \frac{3 + \frac{2}{9} \times (10\sqrt{10} + 1)}{EA}\right] = 125.17\text{kN}(\rightarrow \leftarrow)$$

（5）利用叠加原理，绘制弯矩图（图 7.20）。

$$M_E = M_F = -1\text{m} \times 125.17\text{kN} + 120\text{kN} \cdot \text{m} = -5.17\text{kN} \cdot \text{m}(\text{上部受拉})$$

$$M_G = -1\text{m} \times 125.17\text{kN} + 180\text{kN} \cdot \text{m} = 54.83\text{kN} \cdot \text{m}(\text{下部受拉})$$

$$F_{NCE} = F_{NDF} = -\frac{1}{3} \times 125.17\text{kN} = -41.72\text{kN}(\text{压力})$$

$$F_{NAC} = F_{NBD} = -\frac{\sqrt{10}}{3} \times 125.17\text{kN} = 131.94\text{kN}(\text{拉力})$$

$$F_{NCD} = 1 \times 125.17\text{kN} = 125.17\text{kN}(\text{拉力})$$

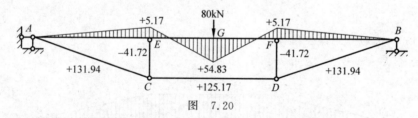

图 7.20

专业词汇

超静定结构（statically indeterminate structure）；超静定次数（degree of indeterminacy）；多余未知力（redundant force）；基本结构（basic structure）；基本体系（basic system）；力法（force method）；力法基本方程（basic equation of force method）；连续梁（continuous beam）；排架（bent）；两铰拱（two-hinged arch）；对称（symmetry）；反对称（antisymmetry）。

专 项 训 练

一、填空题（每题 **5** 分,共计 **25** 分）

1. 求图 7.21 所示各结构的超静定次数。图 7.21(a)为＿＿＿＿;图 7.21(b)为＿＿＿＿;图 7.21(c)为＿＿＿＿;图 7.21(d)为＿＿＿＿;图 7.21(e)为＿＿＿＿;图 7.21(f)为＿＿＿＿;图 7.21(g)为＿＿＿＿;图 7.21(h)为＿＿＿＿;图 7.21(i)为＿＿＿＿;图 7.21(j)为＿＿＿＿。

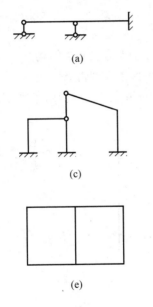

(a)　　　　　　　　　　　(b)

(c)　　　　　　　　　　　(d)

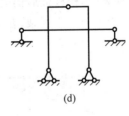

(e)　　　　　　　　　　　(f)

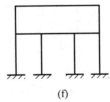

(g)　　　　　　　　　　　(h)

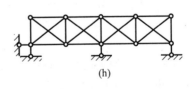

(i)　　　　　　　　　　　(j)

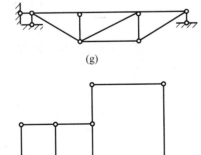

图　7.21

2. 力法方程中柔度系数 δ_{ij} 代表_____,自由项 Δ_{iP} 代表_____。

3. 力法方程中的主系数符号必为_____,副系数和自由项的符号可能为_____。

4. 图 7.22 所示对称结构的杆端弯矩 $M_{BA} =$ _____,_____侧受拉。

5. 图 7.23 所示对称结构在水平荷载作用下,$M_{BC} =$ _____,_____侧受拉。

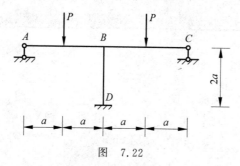

图 7.22

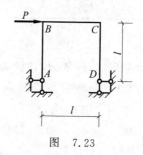

图 7.23

二、判断题(每题 5 分,共计 25 分)

1. 力法的基本方程是平衡方程。( )

2. n 次超静定结构,任意去掉 n 个多余约束均可作为力法基本结构。( )

3. 在力法计算中,校核最后内力图时只要满足平衡条件即可。( )

4. 图 7.24 所示为对称刚架,在对称荷载作用下可取 7.24(b)所示半刚架来计算。

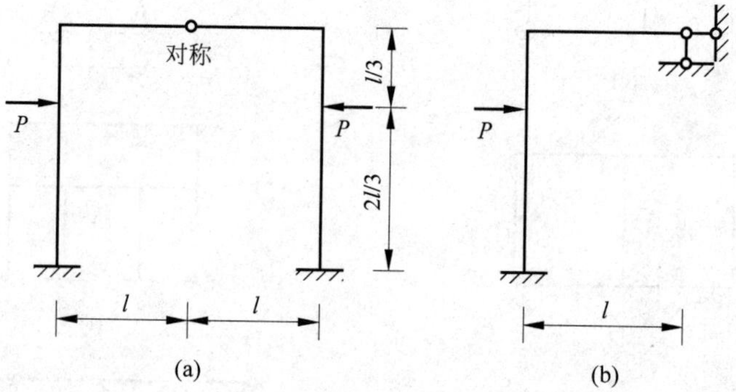

( )

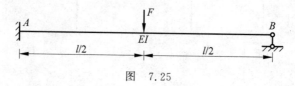

(a)

(b)

图 7.24

5. 设有静定与超静定两个杆件结构,二者除了支承情况不同外,其余情况完全相同,则在同样荷载作用下超静定杆件的变形比静定杆件的变形大。( )

三、计算题(每题 10 分,共计 50 分)

1. 试作图 7.25 所示超静定梁的 M、F_S 图。

2. 试作图 7.26 所示超静定梁的 M、F_S 图。

图 7.25

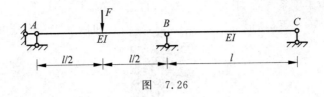

图 7.26

3. 试用力法分析图 7.27 所示刚架，绘制 M、F_S、F_N 图。

4. 试求图 7.28 所示超静定桁架各杆的内力（各杆 EA 相同）。

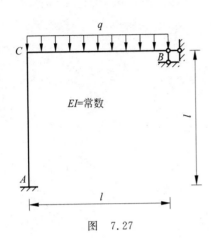

图 7.27

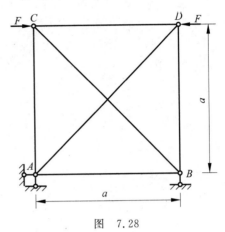

图 7.28

5. 试绘制图 7.29 所示对称结构的 M 图。

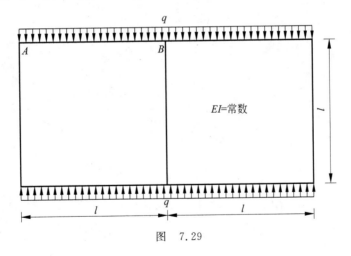

图 7.29

专项训练成绩：

优　秀　90～100 分　☐
良　好　80～89 分　☐
中　等　70～79 分　☐
合　格　60～69 分　☐
不合格　60 分以下　☐

课件二维码

力法

第8章

位 移 法

学习指导

【本章知识结构】

知 识 模 块	主要知识点	掌 握 程 度
位移法计算结构的内力、绘制内力图	等截面直杆的转角位移方程	理解
	位移法的基本未知量和基本结构	掌握
	位移法的典型方程	掌握
	位移法计算示例	掌握

【本章能力训练要点】

能力训练要点	应用方向
等截面直杆的转角位移方程	位移法、力矩分配法的基础
位移法基本未知量	建立基本结构
直接由平衡条件建立位移法方程	计算内力、绘制内力图

8.1 概　　述

在位移法分析中,需要解决以下三个问题。

(1) 确定杆件的杆端内力与杆端位移及荷载之间的函数关系(即杆件分析或单元分析)。

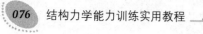
（2）选取结构上某些结点位移作为基本未知量。

（3）建立求解这些基本未知量的位移法方程（即整体分析）。

8.2　等截面直杆的转角位移方程

1. 两端固支梁

$$M_{AB} = 4i\theta_A + 2i\theta_B - 6i\frac{\Delta_{AB}}{l} + M_{AB}^{F}$$

$$M_{BA} = 2i\theta_A + 4i\theta_B - 6i\frac{\Delta_{AB}}{l} + M_{BA}^{F}$$

记忆口诀：近 4 远 2 侧 −6，固端弯矩不能弯。

2. 一端固支一端铰支梁

$$M_{AB} = 3i\theta_{AB} - 3i\frac{\Delta}{l} + M_{AB}^{F}, \quad M_{BA} = 0$$

记忆口诀：近角 3，侧 −3，还要加固弯。

3. 一端固支一端滑动支座梁

$$M_{AB} = i\theta_A - i\theta_B + M_{AB}^{F}$$
$$M_{BA} = i\theta_B - i\theta_A + M_{BA}^{F}$$

记忆口诀：近角 i，远角 $-i$，还要加固弯。

在以上关系式中：M_{AB}、M_{BA} 分别为 A、B 端的杆端弯矩，顺时针方向为正；i 为杆件的线刚度，$i = EI/l$；θ_A、θ_B 分别为 A、B 端的转角，顺时针方向为正（图 8.1）；Δ_{AB} 为杆件两端的相对侧移，以使杆件顺时针方向转动为正；M_{AFB}、M_{BFA} 分别为由杆上荷载引起的 A、B 两端的固端弯矩，顺时针方向为正。

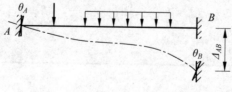

图　8.1

8.3 位移法的基本未知量和基本结构

8.3.1 位移法基本未知量的确定

位移法基本未知量是结构的结点位移,包括独立的结点角位移和独立的结点线位移两种。

1. 独立的结点角位移数

一般独立的结点角位移数等于刚结点数加上组合结点(半铰结点)数。但须注意当存在阶形杆截面改变处的转角或抗转动弹性支座的转角时,应一并计入。至于结构固定支座处,因其转角等于零或为已知的支座位移值;铰结点或铰支座处,因其转角不是独立的,所以都不能作为位移法的基本未知量。

2. 独立的结点线位移数

(1)简化条件。

不考虑由于轴向变形引起的杆件的伸缩(同力法),也不考虑由于弯曲变形而引起的杆件两端的距离误差。因此,可认为这样的受弯直杆两端之间的距离在变形后仍保持不变,且结点线位移的弧线可用垂直于杆件的切线来代替。

(2)确定方法——铰化结点,增设链杆。

对于复杂刚架,可将结构中所有结点均改为铰结点,然后在这个体系中增设链杆,使体系恰好成为几何不变体系,则增设的链杆数就是独立结点线位移未知量的数目。

(3)说明。

当刚架中有需要考虑轴向变形($EA = \infty$)的二力杆时,其两端距离就不能再看做不变;当刚架中有刚性杆($EI = \infty$)时,结点独立角位移数等于全为弹性杆汇交的刚结点数与组合结点数之和;独立的结点线位移数等于将弹性杆端改为铰接从而成为几何不变体系所需增设的最少链杆数。

8.3.2 基本结构

位移法基本结构为单跨超静定梁的组合体,即在原结构可能发生独立位移的结点上加上相应的附加约束。这样原结构为彼此独立的单跨超静定梁。

（1）在每个刚结点上施加附加刚臂,控制刚结点的转动,但不能限制结点的线位移。

（2）在每个产生独立结点线位移的结点上,沿线位移方向施加附加链杆,控制该结点该方向的线位移。

8.4　位移法的典型方程及计算步骤

1. 位移法典型方程

对于一个超静定结构,若加上几个附加联系后,基本结构(单跨超静定梁的组合体)相应地有 n 个位移(基本)未知量(独立刚结点的角位移＋独立结点的线位移),则依据基本结构在原荷载和 n 个基本未知量(位移)共同作用下使每个附加联系上的总约束力(总反力偶或反力)都等于 0 的静力平衡条件,便可写出 n 个方程。

$$r_{i1}Z_1 + r_{i2}Z_2 + \cdots + r_{in}Z_n + R_{iP} = 0 \quad (i = 1, 2, \cdots, n)$$

（1）和力法典型方程类似:组成上具有一定的规律,具有副系数互等的关系,且不管结构类型(形状)如何,只要具有 n 个基本位移未知量,位移法方程就有统一的形式,各项含义也一样。

（2）主系数(主反力) r_{ii} : $r_{ii} > 0$ 。

副系数(副反力) r_{ij} ($i \neq j$ 且 $r_{ij} = r_{ji}$): $r_{ij} \geq 0$ 或 < 0 。

自由项(荷载项) R_{iP} : ＋、－、0。

（3）正负号规定:所有系数和自由项(力或力偶)与所属附加联系相应的位移所设方向一致则为正,反之为负。

（4）系数及自由项。

系数和自由项的含义为基本结构在结点单位位移或荷载单独作用下附加联系上的反力或反力偶,所以只要分别作出基本结构在 $\overline{Z}_i = 1$ 及荷载单独作用下的弯矩图 $\overline{M}_i$ 和 M_P ,便可用结点力矩平衡条件和隔离体力的平衡条件求出所有的系数和自由项。

2. 计算步骤

（1）原结构加上一定的附加联系便成为基本结构(单跨超静定梁的组合体),同时确定了位移法的基本未知量。

（2）建立位移法典型方程(统一形式)。

（3）求出所有系数及自由项(由结点力矩或隔离体力的平衡条件作出 $\overline{M}_i$ 、 M_P 图)。

（4）代入位移法典型方程,求出所有的基本未知量 Z_i 。

（5）叠加出最后 M 图, $M = M_P + \sum Z_i \cdot \overline{M}_i$ 。

8.5 直接由平衡条件建立位移法基本方程

借助于杆件的转角位移方程,根据先"拆散"后"组装"结构的思路,直接由原结构的结点和截面平衡条件来建立位移法方程,这就是直接平衡法。

从计算过程可知位移法的基本方程都是平衡方程。对应每一个转角未知量,有一个相应的结点力矩平衡方程;对应每一个独立的结点线位移未知量,有一个相应截面上的力的平衡方程。

8.6 例 题 详 解

【例 8-1】 试用位移法计算刚架(图 8.2),绘制弯矩图。其中 $EI =$ 常数。

解: 此刚架基本未知量为结点 1 和结点 2 的角位移 Z_1、Z_2,在结点 1、2 处加附加刚臂,即得基本结构(图 8.3)。

$$i_{AE} = i_{BF} = \frac{EI}{l} = i, \quad i_{EF} = i_{FC} = \frac{2EI}{l} = 2i$$

绘出 $\overline{M_1}$、$\overline{M_2}$、$\overline{M_P}$ 图后可求得

$$r_{11} = 8i + 4i = 12i, \quad r_{12} = r_{21} = 4i$$

$$r_{22} = 8i + 8i + 4i = 20i$$

$$R_{1P} = 0, \quad R_{2P} = -\frac{1}{12}ql^2$$

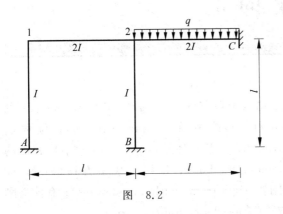

图 8.2

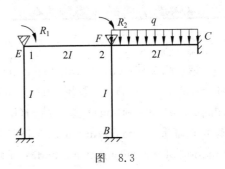

图 8.3

代入典型方程 $\begin{cases} 12iZ_1 + 4iZ_2 + 0 = 0 \\ 4iZ_1 + 20iZ_2 - \dfrac{1}{12}ql^2 = 0 \end{cases}$

$$Z_1 = -\frac{ql^2}{67zi}, \quad Z_2 = \frac{3ql^2}{67zi}$$

刚架最后的弯矩图可由 $M = Z_1\overline{M}_1 + Z_2\overline{M}_2 + M_P$ 绘出，如图 8.4 所示。

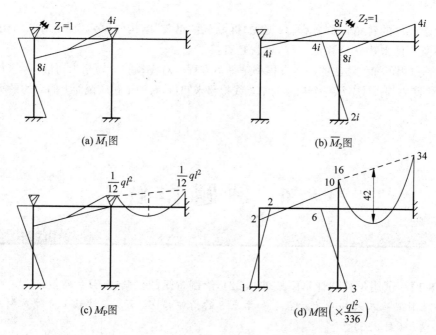

(a) $\overline{M}_1$图

(b) $\overline{M}_2$图

(c) M_P图

(d) M图 $\left(\times\dfrac{ql^2}{336}\right)$

图　8.4

专 业 词 汇

　　结点线位移（joint linear displacement）；结点角位移（joint angular displacement）；刚臂（rigid arm）；固端弯矩（fixed-end moment）；线刚度（linear stiffness）；位移法（displacement method）；基本结构（basic structure）；基本体系（basic system）；位移法的基本未知量（primary unknowns in displacement method）；位移法典型方程（canonical equation of displacement method）；无侧移刚架（rigid frame without sideways）；有侧移刚架（rigid frame with sideways）；转角位移方程（slope-deflection equation）。

专 项 训 练

一、填空题（每题 **5** 分，共计 **25** 分）

1. 在确定位移法的基本未知量时，考虑了汇交于结点各杆端间的_____。

2. 杆件杆端转动刚度的大小取决于_____与_____。

3. 图 8.5 所示结构（不计轴向变形）的 $M_{AB} = $ _____。

4. 校核位移法计算结果的依据是要满足_____条件。

5. 图 8.6 所示结构（除注明外，$EI = $ 常数）用位移法求解时的基本未知量数目为：（a）_____；（b）_____；（c）_____；（d）_____；（e）_____；（f）_____；（g）_____；（h）_____。

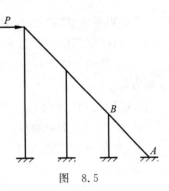

图 8.5

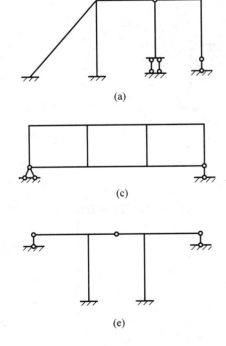

(a)

(b)

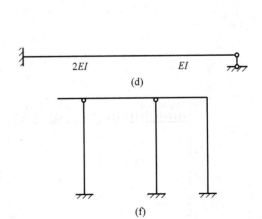

(c)

(d) $2EI$ EI

(e)

(f)

图 8.6

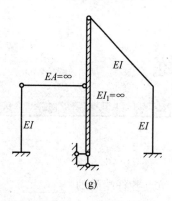

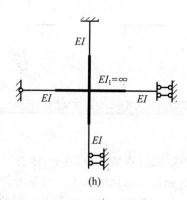

图 8.6(续)

二、判断题(每题 5 分,共计 25 分)

1. 超静定结构中杆端弯矩只取决于杆端位移。 ( )

2. 位移法是以某些结点位移作为基本未知数,先求位移,再据此推求内力的一种结构分析方法。 ( )

3. 图 8.7(b)是图 8.7(a)所示结构用位移法计算时的图。 ( )

4. 图 8.8(a)为对称结构,用位移法求解时可取半边结构,如图 8.8(b)所示。 ( )

5. 图 8.9(b)为图 8.9(a)的弯矩图。 ( )

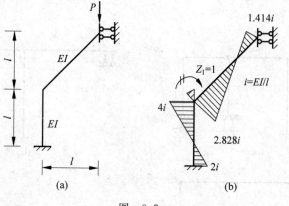

图 8.7

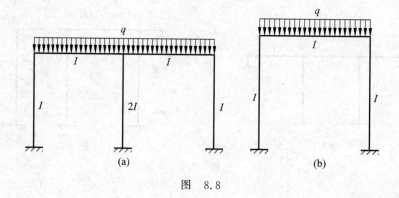

图 8.8

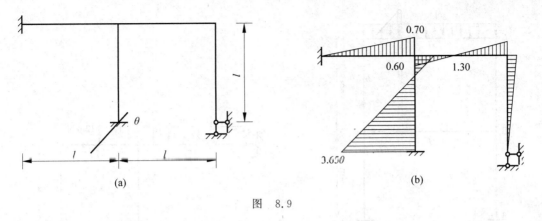

图 8.9

三、计算题（每题 10 分，共计 50 分）

1. 试用位移法计算刚架（图 8.10），绘制弯矩图（$EI=$常数）。

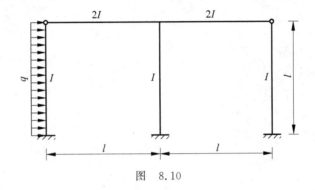

图 8.10

2. 试用位移法计算刚架（图 8.11），绘制弯矩图（$EI=$常数）。

3. 试用位移法计算刚架（图 8.12），绘制弯矩图（$EI=$常数）。

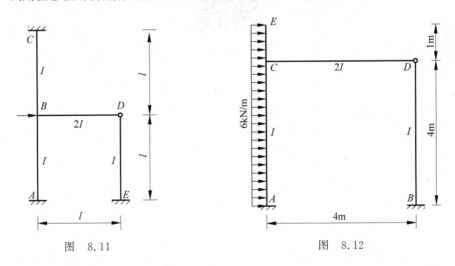

图 8.11　　　　　　　　　　图 8.12

4. 试用位移法计算图式结构（图 8.13），绘制弯矩图（$EI=$常数）。

5. 试用位移法求图 8.14 所示结构弯矩图。

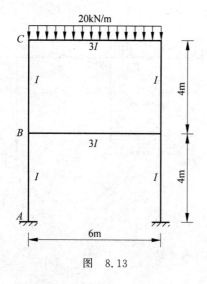

图 8.13

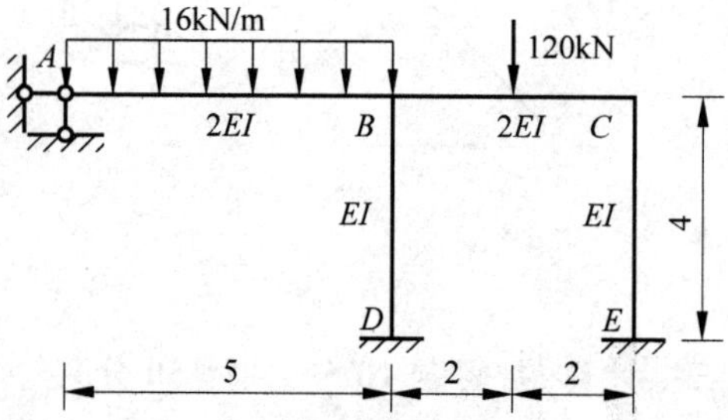

图 8.14

专项训练成绩：

优　秀　90～100 分　☐
良　好　80～89 分　☐
中　等　70～79 分　☐
合　格　60～69 分　☐
不合格　60 分以下　☐

课件二维码

位移法

第 9 章

力矩分配法

学习指导

【本章知识结构】

知 识 模 块	主 要 知 识 点	掌 握 程 度
力矩分配法	力矩分配法基本原理	掌握
	用力矩分配法计算连续梁和无侧移刚架	掌握
	计算示例	掌握

【本章能力训练要点】

能 力 训 练 要 点	应 用 方 向
转动刚度	
分配系数	求解无侧移结构
传递系数	

9.1 力矩分配法的基本原理

力矩分配法的理论基础是位移法,解题方法是渐进法。力矩分配法对杆端弯矩的正负规定方法与位移法的相同。

力矩分配法对连续梁和无结点线位移刚架的计算特别方便。

1. 转动刚度

转动刚度表示杆端对转动的抵抗能力,以 S 表示。例如,S_{AB} 表示使杆件 A 端产生单位转角时在杆端 A 引起的杆端弯矩。在杆件线刚度 $i=EI/l$ 确定条件下,转动刚度只与远端支承有关,结论如下。

(1) 远端固定,$S=4i$;

(2) 远端简支,$S=3i$;

(3) 远端滑动,$S=3i$;

(4) 远端自由,$S=0$。

2. 分配系数

在连接于结点 A 的各杆中将杆 A_j 的转动刚度与交于结点 A 的各杆转动刚度之和的比值定义为杆 A_j 在结点 A 的分配系数,并以 u_{A_j} 表示,且 $u_{A_j}=\dfrac{S_{ij}}{\sum\limits_i S_{ij}}$。同一结点的各杆分配系数之间存在下列关系:

$$\sum \mu_{A_j}=1$$

3. 传递系数

当杆件近端有转角时,远端弯矩与近端弯矩的比值称为传递系数,用 C 表示。对等截面杆件,传递系数 C 随远端的支撑情况而异。

(1) 远端固定,$C=1/2$;

(2) 远端滑动,$C=-1$;

(3) 远端铰支,$C=0$。

9.2 用力矩分配法计算连续梁和无侧移刚架

1. 单结点力矩分配法的计算步骤

(1) 固定结点:加入刚臂,此时各杆端有固端弯矩,而结点上有不平衡弯矩,它暂时由刚臂承受。

(2) 放松结点:取消刚臂,让结点转动。相当于在结点上加入一个反号的不平衡力矩,于是不平衡力矩被消除而结点获得平衡。此反号的不平衡力矩将按劲度系数大小的比例分配给各近端,于是各近端弯矩等于固端弯矩与分配弯矩之和,而远端弯矩等于固端弯矩与传递弯矩之和。

（3）杆端固端弯矩、全部分配弯矩和传递弯矩的代数和即为该杆端的最终杆端弯矩。

2. 多结点力矩分配法的计算步骤

对多结点（位移）结构,弯矩分配法的思路是：首先将全部结点锁定,然后从不平衡力矩最大的一结点开始,在锁定其他结点条件下放松该结点,使其达到"平衡"（包括分配和传递）；接着重新锁定该结点,放松不平衡力矩次大的结点,如此一轮一轮逐点放松,直至不平衡力矩小到可忽略；最后累加固定弯矩、分配弯矩和传递弯矩,从而得到结果。

9.3 例题详解

【例 9-1】 用力矩分配法计算图 9.1(a)所示连续梁,作弯矩图,并求中间支座的支座反力。

解：结点 B 的力矩分配如表 9-1 所示。

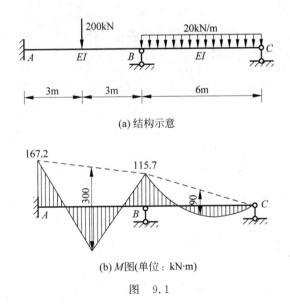

(a) 结构示意

(b) M图(单位：kN·m)

图 9.1

表 9-1　力矩分配

结　点	B			
分配系数		0.571	0.429	
固端弯矩	−150	150	−90	0
分配传递	−17.2 ←	−34.3	−25.7 →	0
最后弯矩	−167.2	115.7	−115.7	0

（1）B 点加约束

$$M_{AB} = -\frac{200\text{kN} \times 6\text{m}}{8} = -150\text{kN} \cdot \text{m}$$

$$M_{BA} = 150\text{kN} \cdot \text{m}$$

$$M_{BC} = -\frac{20\text{kN/m} \times (6\text{m})^2}{8} = -90\text{kN} \cdot \text{m}$$

$$M_B = M_{BA} + M_{BC} = 60\text{kN} \cdot \text{m}$$

（2）放松结点 B，即将 $-60\text{kN} \cdot \text{m}$ 进行分配

设 $i = EI/l$，计算转动刚度：$S_{BA} = 4i$，$S_{BC} = 3i$；分配系数 $\mu_{BA} = \dfrac{4i}{4i+3i} = 0.571$，$\mu_{BC} = \dfrac{3i}{4i+3i} = 0.429$；分配力矩：$M'_{BA} = 0.571 \times (-60\text{kN} \cdot \text{m}) = -34.3\text{kN} \cdot \text{m}$，$M'_{BC} = 0.429 \times (-60\text{kN} \cdot \text{m}) = -25.7\text{kN} \cdot \text{m}$。

（3）叠加得出最后弯矩

将固端弯矩和分配弯矩、传递弯矩叠加，得到各杆端的最后弯矩，据此即可绘出刚架的弯矩图，如图 9.1(b) 所示。

【例 9-2】 试作图 9.2(a) 所示刚架的弯矩图。

解：（1）计算各杆端分配系数

为了计算方便，可令 $i_{AB} = i_{AC} = \dfrac{EI}{4} = 1$，则 $i_{AD} = 2$。由公式 $R_{1P} = M_{12}^F + M_{13}^F + M_{14}^F = \sum\limits_{j=2}^{4} M_{1j}^F$ 得

$$\mu_{AB} = \frac{4 \times 1}{4 \times 1 + 3 \times 1 + 2} = \frac{4}{4+3+2} = \frac{4}{9} \approx 0.445$$

$$\mu_{AC} = \frac{3}{9} \approx 0.333$$

$$\mu_{AD} = \frac{2}{9} \approx 0.222$$

（2）计算固端弯矩

$$M_{BA}^F = -\frac{30\text{kN/m} \times (4\text{m})^2}{12} = -40\text{kN} \cdot \text{m}$$

$$M_{AB}^F = +\frac{30\text{kN/m} \times (4\text{m})^2}{12} = +40\text{kN} \cdot \text{m}$$

$$M_{AD}^{F} = -\frac{3 \times 50\text{kN} \times 4\text{m}}{8} = -75\text{kN} \cdot \text{m}$$

$$M_{DA}^{F} = -\frac{50\text{kN} \times 4\text{m}}{8} = -25\text{kN} \cdot \text{m}$$

（3）进行力矩的分配和传递

结点 A 的不平衡力矩为 $\sum M_{Aj}^{F} = (40-75)\text{kN} \cdot \text{m} = -35\text{kN} \cdot \text{m}$，将其反号并乘以分配系数即得到各近端的分配弯矩，再乘以传递系数即得到各远端的传递弯矩。在力矩分配法中，为使计算过程的表达更加紧凑、直观，避免罗列大量算式，整个计算可直接在图上书写（或列表计算），如图 9.2(b)所示。

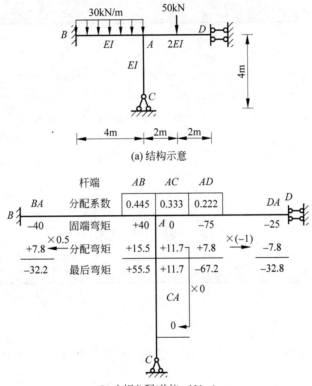

(a) 结构示意

(b) 力矩分配(单位：kN·m)

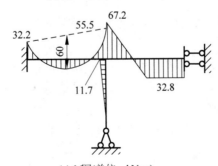

(c) M图(单位：kN·m)

图　9.2

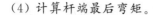
（4）计算杆端最后弯矩。

将固端弯矩和分配弯矩、传递弯矩叠加，便得到各杆端的最后弯矩。据此即可绘出刚架的弯矩图，如图 9.2(c)所示。

专 业 词 汇

力矩分配法（moment distribution method）；刚臂（rigid arm）；转动刚度（rotation stiffness）；不平衡弯矩（out of balance moment）；分配弯矩（distribution moment）；分配系数（distribution factor）；传递弯矩（carry-over moment）；传递系数（carry-over factor）。

专 项 训 练

一、填空题（每题 5 分，共 25 分）

1. 力矩分配法的要点是：先＿＿＿＿＿结点，求得荷载作用下各杆的＿＿＿＿＿，然后＿＿＿＿＿结点，将结点上的＿＿＿＿＿弯矩分配于各杆近端，同时求出远端传递弯矩。叠加各杆端的＿＿＿＿＿、＿＿＿＿＿、＿＿＿＿＿，即得到实际的杆端弯矩。

2. 力矩分配法中，杆端的转动刚度不仅与该杆的＿＿＿＿＿有关，而且与杆的远端＿＿＿＿＿有关。

3. 力矩分配法适用于求解连续梁和＿＿＿＿＿刚架的内力。

4. 图 9.3 所示结构用力矩分配法计算的分配系数 $\mu_{AB}=$＿＿＿＿＿，$\mu_{AC}=$＿＿＿＿＿，$\mu_{AE}=$＿＿＿＿＿。

5. 图 9.4 所示刚架用力矩分配法求解时，结点 C 的力矩分配系数之和等于＿＿＿＿＿，杆 CB 的分配系数 $\mu_{CB}=$＿＿＿＿＿。

二、判断题（每题 5 分，共计 25 分）

1. 力矩分配法是以位移法为基础的渐近法。　　　　　　　　　　　　　（　　）

2. 在力矩分配法中，同一刚结点处各杆端的分配系数之和等于 1。　　（　　）

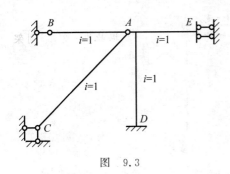

图　9.3

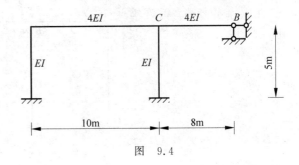

图　9.4

3. 图 9.5 所示结构中各杆的 i 相同,欲使 A 结点产生 $\theta_A = 1$ 的单位转角,需在 A 结点施加的外力偶为 $8i$。　　　　　　　　　　　　　　　　　　　　　　　（　　）

4. 在任何情况下,力矩分配法的计算结果都是近似的。　　　　　　　　　　（　　）

5. 多结点力矩分配的计算中,每次只有一个结点被放松,其余结点仍被锁住,对于结点较多的结构,也可采用隔点放松的方法,这样可提高计算效率。　　　　　　（　　）

三、计算题（每题 10 分,共计 50 分）

1. 试用力矩分配法计算图 9.6 所示刚架,并绘制弯矩图。

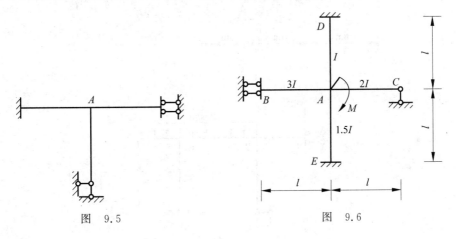

图　9.5

图　9.6

2. 试用力矩分配法计算图 9.7 所示连续梁,并绘制弯矩图。

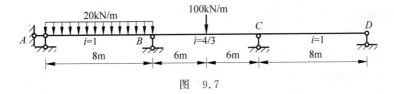

图　9.7

3. 试用力矩分配法计算图 9.8 所示刚架,并绘制弯矩图（EI＝常数）。

4. 试用力矩分配法计算图 9.9 所示刚架,并绘制弯矩图（EI＝常数）。

5. 试用力矩分配法计算图 9.10 所示刚架,并绘制弯矩图（EI＝常数）。

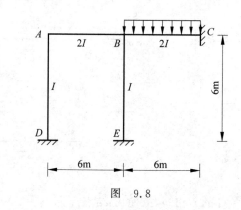

图 9.8

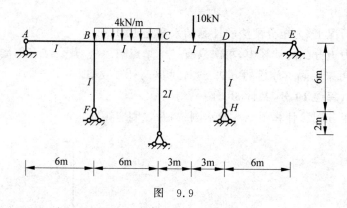

图 9.9

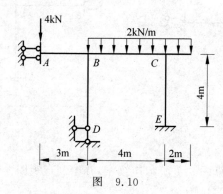

图 9.10

专项训练成绩:

优　秀　90~100 分　☐

良　好　80~89 分　☐

中　等　70~79 分　☐

合　格　60~69 分　☐

不合格　60 分以下　☐

课件二维码

力矩分配法

课后综合训练

综合训练 1

一、单项选择题

1. 题图 1.1 所示体系的几何组成为（   ）。

    A. 几何不变体系,无多余约束
        B. 几何不变体系,有多余约束

    C. 瞬变体系
                 D. 常变体系

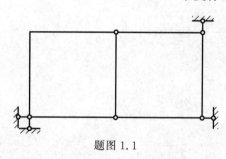

题图 1.1

2. 题图 1.2 所示带拉杆的三铰拱,杆 AB 的轴力为（   ）。

    A. 10kN
        B. 15kN
        C. 20kN
        D. 30kN

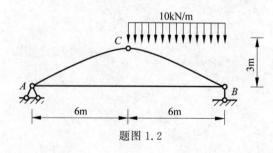

题图 1.2

3. 题图 1.3 所示杆件,B 端固定,A 端发生单位角位移,其抗弯劲度系数(转动刚度)为（   ）。

    A. $S_{AB}=4i$
        B. $S_{AB}=3i$
        C. $S_{AB}=i$
        D. $S_{AB}=0$

4. 下列说法正确的是(　　)。

A. 用力法解超静定结构时,只能采用多余约束力作为基本未知量

B. 只要两个杆件的截面面积相同、所用材料相同,它们的极限弯矩就是相同的

C. 力矩分配中的传递系数等于传递弯矩与分配弯矩之比,它与外因无关

D. 塑性铰与光滑铰一样可以任意转动

5. 题图 1.4 所示结构 $EI=$ 常数,用位移法计算时基本未知量个数最少为(　　)。

A. 2　　　　　　B. 3　　　　　　C. 4　　　　　　D. 5

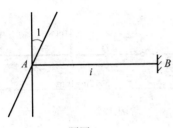

题图 1.3

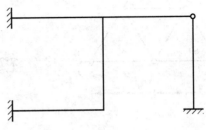

题图 1.4

二、判断题

1. 题图 1.5 所示梁的弯矩图是正确的。(　　)

2. 在相同跨度及竖向荷载作用下,拱脚等高的三铰拱,其水平推力随矢高的减小而减小。(　　)

3. 组合结构中链杆(桁式杆)的内力是轴力,梁式杆的内力只有弯矩和剪力。(　　)

4. 虚功中的力状态和位移状态彼此独立无关,这两个状态中的任一个都可看做虚设。(　　)

5. 用力法解仅在荷载作用下的结构,其力法方程右端项不一定等于零。(　　)

三、填空题

1. 几何组成分析中,固定平面内一个点,至少需要_____个约束。

2. 静定梁内力分析的基本方法是_____,隔离体上建立的基本方程是_____。

3. 题图 1.6 所示抛物线三铰拱的 $y_K=3.34\text{m}$,截面 K 的弯矩 $M_K=$ _____,_____侧受拉。

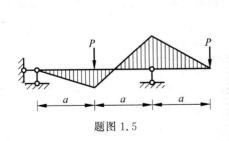

题图 1.5

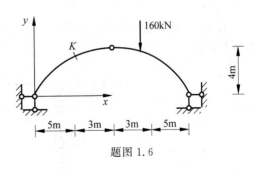

题图 1.6

4. 对桁架进行内力分析时,若取隔离体只包含一个结点,称为_____法;若所取隔离体包含两个或两个以上结点,则称为_____法。

5. 题图 1.7 所示的桁架,$EA=$ 常数,D、E 两点的相对水平位移为_____。

四、计算题

1. 作题图 1.8 所示结构的弯矩图。

2. 用力法计算并作题图 1.9 所示结构的弯矩图。

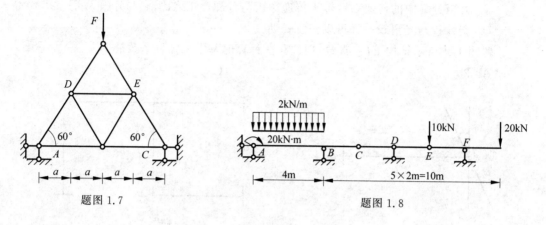

题图 1.7

题图 1.8

3. 位移法作题图 1.10 所示结构弯矩图,横梁刚度 $EI \to \infty$,两柱线刚度不同,左侧线刚度为 $2i$,右侧线刚度为 i。

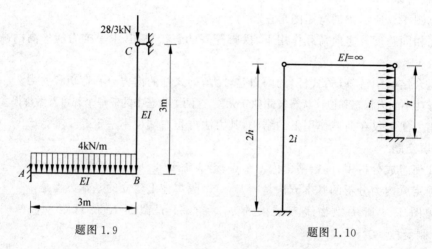

题图 1.9

题图 1.10

4. 用力矩分配法计算并作题图 1.11 所示对称结构的弯矩图。已知:$q = 40\text{kN/m}$,各杆 EI 相同。

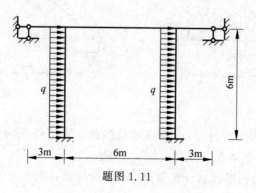

题图 1.11

综合训练 1 答案

一、单项选择题

1.【答案】A

【考点点击】本题主要考查的知识点为几何组成分析。

【要点透析】根据三刚片原则可得结构为无多余约束的几何不变体系。

2.【答案】D

【考点点击】本题主要考查的知识点为三铰拱中杆轴力的计算。

【考点透析】对整体进行受力分析,可以得到支座 A 的反力,水平方向为 0,竖直方向为 15kN,方向向上,再对铰链 A 进行受力分析,AC 为二力构件,铰链 A 只受三个力,两个未知数,可以求得杆 AB 中的轴力为 30kN,受拉。

3.【答案】A

【考点点击】本题主要考查的知识点为转动刚度的确定。

【要点透析】A 端发生单位角位移,A 端的杆端为 $4i$。

4.【答案】C

【考点点击】本题主要考查的知识点为力矩分配法。

【要点透析】力矩分配中的传递系数等于传递弯矩与分配弯矩之比,它与外因无关。

5.【答案】B

【考点点击】本题主要考查的知识点为位移法。

【要点透析】结构的基本位移量是 3 个,两个刚结点处共有 2 个角位移、1 个竖向的线位移,因此最少需要 3 个基本未知量。

二、判断题

1.【答案】×

2.【答案】×

3.【答案】×

4.【答案】√

5.【答案】√

三、填空题

1.【答案】2

2.【答案】截面法　静力平衡方程

3.【答案】84kN·m　上

4.【答案】结点　截面

5.【答案】0

四、计算题

1.【答案】结构为静定结构。

（1）画受力图（题图 1.12）

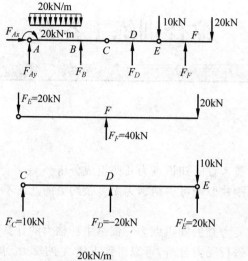

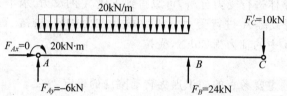

题图 1.12

（2）求支反力

对 EF，得 $F_F = 40\text{kN}, F_E = 20\text{kN}$

对 CE，得 $F_D = -20\text{kN}, F_C = 10\text{kN}$

对 AC，得 $F_B = 24\text{kN}, F_{Ay} = -6\text{kN}, F_{Ax} = 0$

（3）画弯矩图（单位：kN·m，题图 1.13）

2.【答案】

（1）确定力法基本体系（题图 1.14）

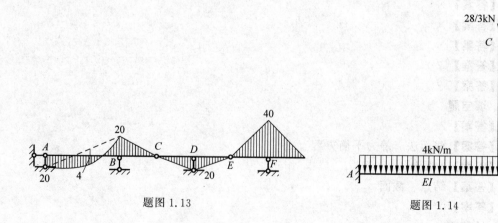

题图 1.13

题图 1.14

（2）画单位弯矩图和荷载弯矩图（题图 1.15）

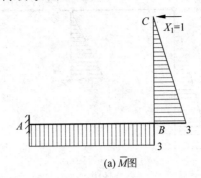

(a) $\overline{M}$图

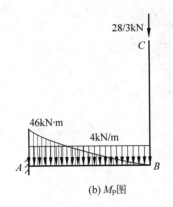

(b) M_P图

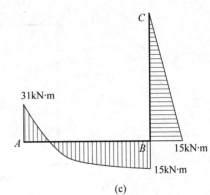

(c)

题图 1.15

（3）求系数和自由项

$$\delta_{11} = \frac{36}{EI}$$

$$\Delta_{1P} = \frac{1}{EI}\left[\frac{1}{2} \times \frac{28}{3}\text{kN} \times 3\text{m} \times 3\text{m} + \frac{1}{3} \times \left(\frac{1}{2} \times 4\text{kN/m} \times 3^2\text{m}^2\right) \times 3\text{m}\right] \times 3 = -\frac{180}{EI}$$

（4）解力法方程得

$$X_1 = 5\text{kN}$$

（5）作弯矩图（题图 1.15(c)）

3.【答案】

（1）确定基本体系（题图 1.16）

（2）写出位移法方程

$$r_{11}Z_1 + R_{1P} = 0$$

（3）作单位弯矩图和荷载弯矩图（题图 1.17）

（4）求系数和自由项

$$r_{11} = 3i/h^2 + 3(2i)/(2h)^2 = \frac{9i}{2h^2}$$

$$R_{1P} = -\frac{3}{8} \times \frac{qh}{3}$$

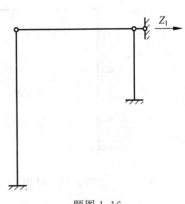

题图 1.16

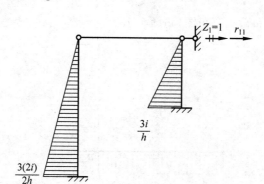

(a) $\overline{M}_1$图

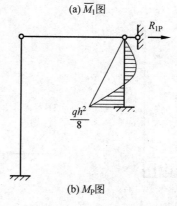

(b) M_P图

题图 1.17

（5）解方程

$$Z_1 = -R_{1P}/r_{11} = \frac{qh^3}{12i}$$

（6）根据叠加法作弯矩图（题图 1.18）

$$M = \overline{M}_1 Z_1 + M_P$$

4.【答案】

按对称性取半结构进行计算（题图 1.19）。

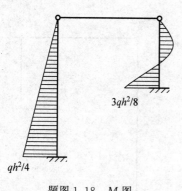

题图 1.18　M 图

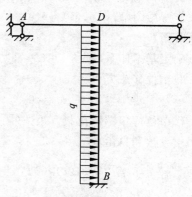

题图 1.19

计算过程如题表 1-1。

题表 1-1

	AD	DA	DB	BD	DC	CD
分配系数		3/8	1/4		3/8	
固端弯矩	0	0	120	−120	0	0
分配传递	0	−45	−30	−15	−45	0
杆端弯矩	0	−45	90	−135	−45	0

根据题表 1-1 中数据,画弯矩图,如题图 1.20 所示。

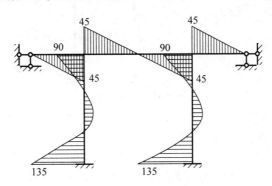

题图 1.20 弯矩图(单位:kN·m)

综合训练 2

一、单项选择题

1. 题图 2.1 所示简支斜梁,在荷载 P 作用下,若改变 B 支座链杆方向,则梁的内力
( )。

    A. M、Q、N 都改变   B. M、N 不变,Q 改变

    C. M、Q 不变,N 改变   D. M 不变,Q、N 改变

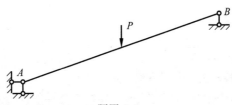

题图 2.1

2. 题图 2.2 所示三铰拱支座 A 的水平反力 H_A 为( )。

A. 1kN　　　　　B. 1.5kN　　　　　C. 2kN　　　　　D. 3kN

3. 题图 2.3 所示结构支座 A 的反力矩(以右侧受拉为正)是( )。

A. $m/4$　　　　　B. $m/2$　　　　　C. $-m/2$　　　　　D. $-m$

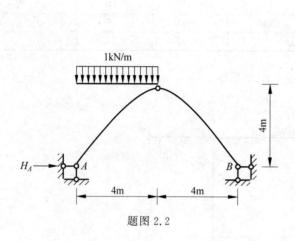

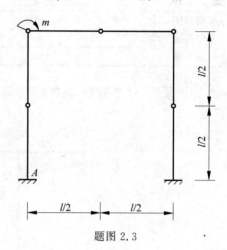

题图 2.2　　　　　　　　　　　　　　　题图 2.3

4. 若使题图 2.4 所示结构 A 点的竖向位移为 0,则 F_{p1} 与 F_{p2} 的关系为( )。

A. $F_{p1}/F_{p2}=5/16$　　　　　　　B. $F_{p1}/F_{p2}=2$

C. $F_{p1}/F_{p2}=16/5$　　　　　　　D. $F_{p1}/F_{p2}=1/2$

5. 题图 2.5 所示结构 $EI=$ 常数,正确的杆端弯矩(顺时针为正)是( )。

A. $M_{BC}=M_{CB}=-M_{CD}=-M_{DC}=Pl/4$

B. $M_{BC}=M_{CB}=-M_{CD}=M_{DC}=Pl/4$

C. $M_{BC}=-M_{CB}=M_{CD}=M_{DC}=Pl/4$

D. $M_{BC}=-M_{CB}=M_{CD}=-M_{DC}=Pl/4$

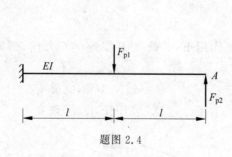

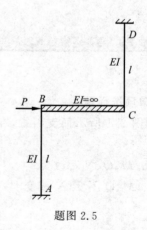

题图 2.4　　　　　　　　　　　　　　　题图 2.5

二、判断题

1. 有多余约束的体系一定是几何不变体系。( )

2. 荷载作用在静定多跨梁的附属部分时,基本部分一般内力不为零。( )

3. 题图 2.6 所示对称桁架中杆 1~6 的轴力为零。（　　）

4. 用图乘法可求得各种结构在荷载作用下的位移。（　　）

5. 在温度变化与支座移动因素作用下，静定与超静定结构都有内力。（　　）

三、填空题

1. 连接两个刚片的任意两根链杆的延长线交于一点，则该体系称为_____。

2. 用截面法计算指定截面的内力为：剪力等于截面_____的所有外力沿截面方向的投影代数和；弯矩等于截面_____的所有外力对_____形心的力矩代数和。

3. 题图 2.7 所示桁架中杆 1 和杆 2 的轴力 $N_1 =$_____，$N_2 =$_____。

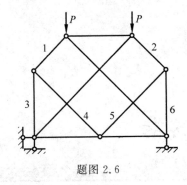

题图 2.6

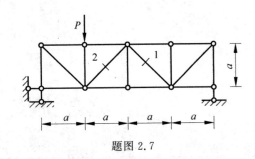

题图 2.7

4. 静定结构中的杆件在温度变化时只产生_____，不产生_____，在支座移动时只产生_____，不产生内力与_____。

5. 位移法可解超静定结构，_____解静定结构，位移法的典型方程体现了_____条件。

四、计算题

1. 计算题图 2.8 所示结构，作 M、Q 图。

2. 用力法计算，并作出题图 2.9 所示结构 M 图（$EI =$常数）。

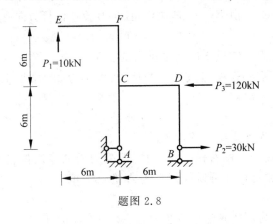

题图 2.8

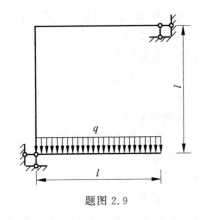

题图 2.9

3. 用位移法计算题图 2.10 所示结构，作出 M 图（$EI =$常数）。

4. 利用对称性作出题图 2.11 所示结构的 M 图（$EI =$常数）。

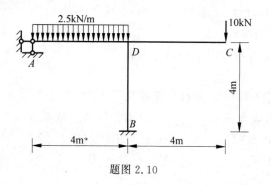

题图 2.10

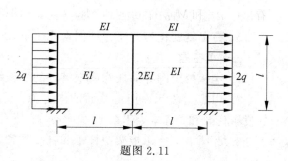

题图 2.11

综合训练 2 答案

一、选择题

1.【答案】 C

【考点点击】 本题主要考查的知识点为梁的内力分析。

【考点透析】 A 点的支反力是两个正交的力,取一个方向沿轴线方向,另一个垂直于轴线,如题图 2.12 所示:对 B 点列力矩为 0 的方程,F_{Ay} 的大小和方向跟 B 支座链杆方向无关,梁内的 M、Q 由 F_{Ay} 和 P 决定,跟 B 支座链杆方向无关;再沿轴线方向上列合力为 0 的方程,F_{Ax} 的大小跟 B 支座链杆方向有关,梁内的 N 由 F_{Ax} 和 P 决定,且与 B 支座链杆方向有关。

2.【答案】 A

【考点点击】 本题主要考查的知识点为三铰拱支座水平反力的计算。

【考点透析】 对整体列平衡方程,计算支座 A 竖直方向的反力,大小为 3kN,再对左侧梁列平衡方程求得支座 A 的水平反力 $H_A = 1$kN。

3.【答案】 B

【考点点击】 本题主要考查的知识点为支座反力的计算。

【要点透析】 求支座的反力,可以将整个结构看做一个整体,改变力偶的作用位置不改变作用效果,将力偶移动到中间位置,根据对称性可以得到支座 A 的反力矩。

4.【答案】 C

【考点点击】 本题主要考查的知识点为用图乘法计算位移。

【要点透析】 用图乘法计算 A 点的位移,使其等于零,可得到两个荷载的关系。

5.【答案】 B

【考点点击】 本题主要考查的知识点为利用位移法计算杆端弯矩。

【要点透析】 该题可以通过位移法计算杆端弯矩,由于选项中所有的值都一样,只是符号不一样,只要判断一下符号便可。单位弯矩图的形状如题图 2.13 所示,从题图 2.13 可以看出,M_{DC} 和 M_{CD} 符号相反,M_{BC} 和 M_{CB} 的符号相同。

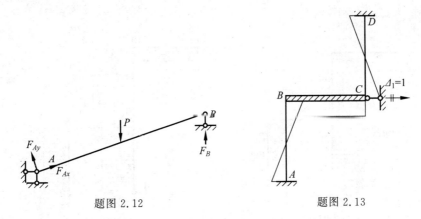

题图 2.12   题图 2.13

二、判断题

1.【答案】×

2.【答案】√

3.【答案】×

4.【答案】×

5.【答案】×

三、填空题

1.【答案】虚铰

2.【答案】一侧   一侧   截面

3.【答案】$-\sqrt{2}\dfrac{P}{4}=-0.3536P$ $\sqrt{2}\dfrac{P}{4}=0.3536P$

4.【答案】位移和变形   内力   位移   变形

5.【答案】也可   平衡

四、计算题

1.【答案】

结构为静定结构。

(1)画受力图(题图 2.14)

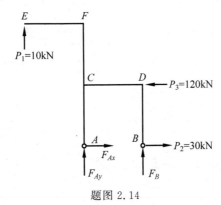

题图 2.14

（2）求支反力

$$F_{Ax} = 90\text{kN}, \quad F_{Ay} = 100\text{kN}, \quad F_B = -110\text{kN}$$

（3）画 M、Q 图（题图 2.15）

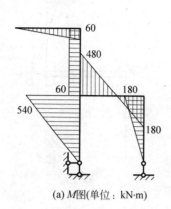

(a) M图(单位: kN·m)

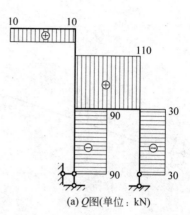

(a) Q图(单位: kN)

题图 2.15

2.【答案】

（1）确定基本体系（题图 2.16）

（2）写出变形条件和力法方程

$$\Delta_1 = 0; \quad \delta_{11}X_1 + \Delta_{1P} = 0$$

（3）作单位弯矩图和荷载弯矩图（题图 2.17）

（4）求系数和自由项

$$\delta_{11} = 2l^3/(3EI); \quad \Delta_{1P} = -5ql^4/(12EI)$$

（5）解方程

$$X_1 = -\Delta_{1P}/\delta_{11} = 5ql/8$$

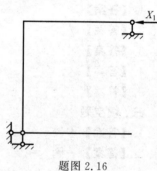

题图 2.16

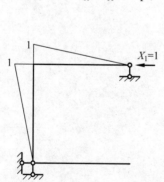

(a) $\overline{M}_1$图

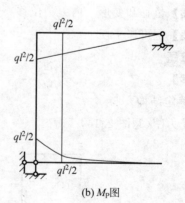

(b) M_P图

题图 2.17

（6）根据叠加法，作弯矩图（题图 2.18）

3.【答案】

令 $i = \dfrac{EI}{4}$，基本体系如题图 2.19 所示。

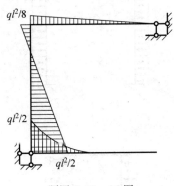

题图 2.18　M 图

$$r_{11} = 7i$$

$$R_{1P} = -35$$

$$r_{11}Z_1 + R_{1P} = 0,得 7iZ_1 - 35 = 0$$

$Z_1 = \dfrac{5}{i}$,弯矩图如题图 2.19 所示。

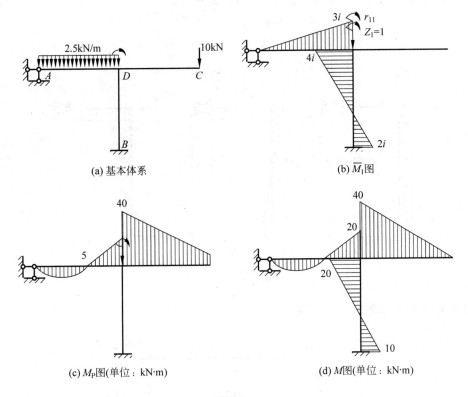

(a) 基本体系

(b) $\overline{M}_1$图

(c) M_P图(单位：kN·m)

(d) M图(单位：kN·m)

题图 2.19

4.【答案】

(1) 由于结构对称,荷载反对称,可利用对称性进行如下分析(题图 2.20)。

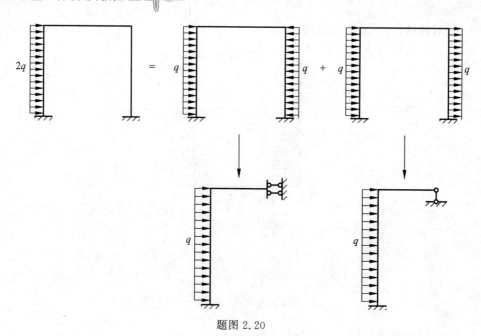

题图 2.20

（2）正对称荷载对称半结构用位移法求解（题图 2.21）

$$r_{11}Z_1 + R_{1P} = 0, \quad r_{11} = 6i$$

$$R_{1P} = ql^2/12, \quad Z_1 = -ql^2/(72i)$$

$$M = \overline{M}_1 Z_1 + M_P$$

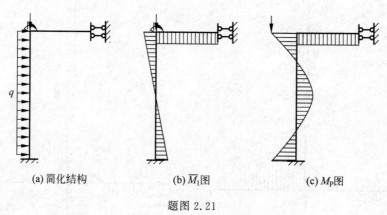

(a) 简化结构 (b) $\overline{M}_1$图 (c) M_P图

题图 2.21

正对称弯矩图如题图 2.22 所示。

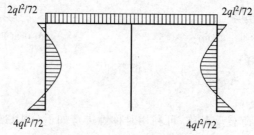

$2ql^2/72$ $2ql^2/72$

$4ql^2/72$ $4ql^2/72$

题图 2.22 正对称弯矩图

（3）反对称结构用力法求解（题图 2.23）

$$\delta_{11}X_1 + \Delta_{1P} = 0, \quad \delta_{11} = 7l^3/(24EI)$$

$$\Delta_{1P} = ql^4/(12EI), \quad X_1 = 2ql/7$$

$$M = \overline{M}_1 X_1 + M_P$$

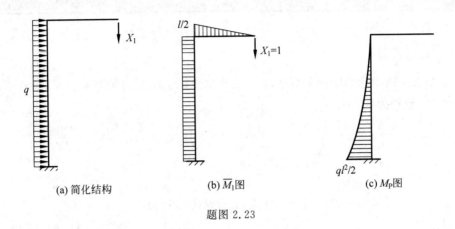

(a) 简化结构　　　　　　(b) $\overline{M}_1$ 图　　　　　　(c) M_P 图

题图 2.23

反对称弯矩图如题图 2.24 所示。

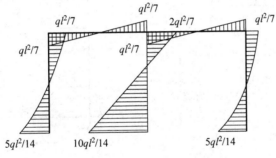

题图 2.24　反对称弯矩图

（4）叠加对称、反对称弯矩图得最终弯矩图（题图 2.25）

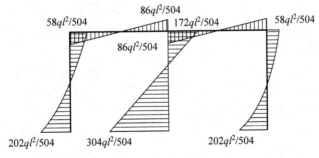

题图 2.25　M 图

综合训练 3

一、单项选择题

1. 题图 3.1 所示超静定刚架以去除 C 支座加上向上的反力为基本体系,各杆 EI 为常数,δ_{11} 和 Δ_{1P} 分别为（　　）。

  A. $\delta_{11} = \dfrac{288}{EI}$；$\Delta_{1P} = \dfrac{8640}{EI}$
    B. $\delta_{11} = \dfrac{216}{EI}$；$\Delta_{1P} = \dfrac{8640}{EI}$

  C. $\delta_{11} = \dfrac{288}{EI}$；$\Delta_{1P} = -\dfrac{8640}{EI}$
    D. $\delta_{11} = \dfrac{216}{EI}$；$\Delta_{1P} = -\dfrac{8640}{EI}$

2. 题图 3.2 所示结构 $EI =$ 常数,截面 A 右侧的弯矩为（　　）。

  A. $M/2$
    B. M
    C. 0
    D. $M/(2EI)$

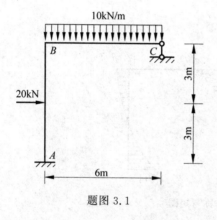

题图 3.1

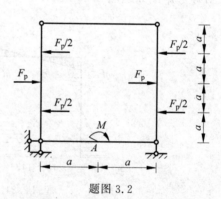

题图 3.2

3. 题图 3.3 所示结构,若均布荷载用其合力代替（如虚线所示）,则所产生的反力（　　）。

  A. 都发生变化
    B. 都不发生变化

  C. 水平反力发生变化
    D. 竖向反力发生变化

4. 变形体虚功原理（　　）。

  A. 只适用于线弹性体
    B. 只适用于杆件结构

  C. 只适用于静定结构
    D. 任何变形体

5. 题图 3.4 所示结构,用位移法求解时,基本未知量为（　　）。

  A. 一个线位移
    B. 两个线位移和四个角位移

  C. 四个角位移
    D. 两个线位移

二、判断题

1. 在任意荷载作用下,无多余约束的几何不变体系可以仅用静力平衡方程即可确定全部支座反力和内力。（　　）

2. 在无剪力直杆中,各截面弯矩不一定相等。(　　)

3. 题图 3.5 所示桁架中杆件 AB、AF、AG 内力均不为零。(　　)

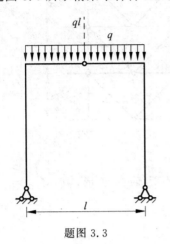

题图 3.3

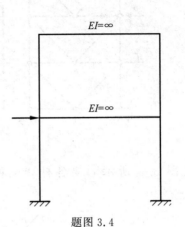

题图 3.4

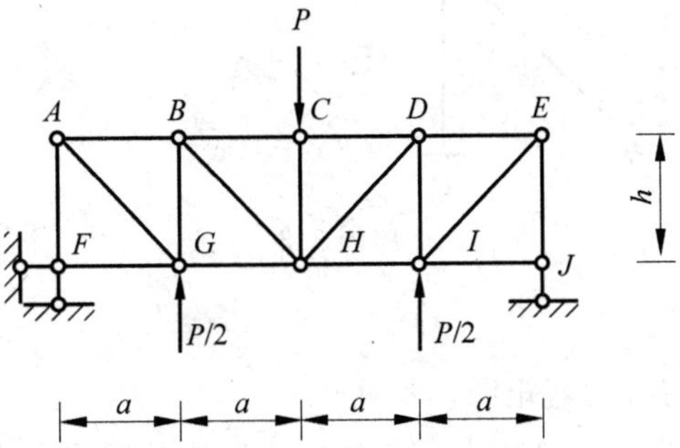

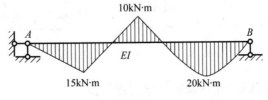

题图 3.5

4. 若刚架中各杆均无内力,则整个刚架不存在位移。(　　)

5. 在荷载作用下,超静定结构的内力与 EI 的绝对值大小有关。(　　)

三、填空题

1. 几何瞬变体系的内力为_____或_____。

2. 已知 AB 梁的 M 图如题图 3.6 所示,当该梁的抗弯刚度改为 $2EI$,而荷载不变时,其最大弯矩值为_____ kN·m。

10kN·m

A　　　EI　　　B

15kN·m　　20kN·m

题图 3.6

3. 题图 3.7 所示两桁架中斜杆 AB 的内力为 N_{AB},其大小_____,性质_____。

4. 应用图乘法求杆件结构的位移时,图乘的杆段必须满足如下三个条件:_____;

_____;_____。

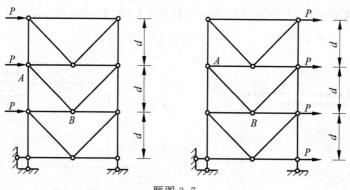

题图 3.7

5. 题图 3.8 所示刚架各杆线刚度 i 相同,不计轴向变形,其 $M_{AD} = $ _____,
$M_{BA} = $ _____。

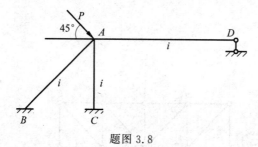

题图 3.8

四、计算题

1. 作题图 3.9 所示结构的弯矩图。

2. 用力法计算,并作题图 3.10 所示结构由于变温引起的弯矩图。已知此结构的线膨胀系数为 α,截面高度 $h = l/10$,$EI =$ 常数。

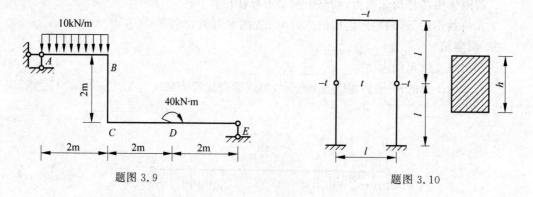

题图 3.9　　　　　　　　　　题图 3.10

3. 用位移法计算连续梁(题图 3.11),绘制弯矩图。

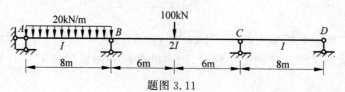

题图 3.11

4. 已知题图 3.12 所示结构，$EI = 2.1 \times 10^4 \text{kN} \cdot \text{m}^2$，$q = 10\text{kN/m}$，求 B 点的水平位移。

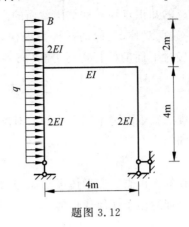

题图 3.12

综合训练 3 答案

一、单项选择题

1.【答案】C

【考点点击】本题主要考查的知识点为图乘法方程中系数与自由项的计算。

【要点透析】画单位荷载弯矩图和荷载弯矩图，如题图 3.13 所示，通过图乘法计算，得 $EI\delta_{11} = 288$，C 支座的反力向上，单位荷载弯矩图和荷载弯矩图的符号相反，可判断 Δ_{1P} 为负值。

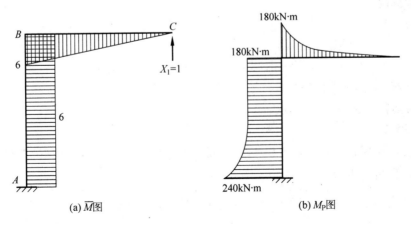

(a) $\overline{M}$ 图　　　　　　　　　　(b) M_P 图

题图 3.13

2.【答案】A

【考点点击】本题主要考查的知识点为对称结构截面的内力计算。

【要点透析】结构对称,荷载反对称,上面的横杆为零杆,2个竖杆上的荷载自平衡,对下面的横杆没有影响,可以直接对下面的横杆进行分析,得右侧的支反力为 $M/(4a)$,则截面 A 右侧的弯矩为 $2a \times M/(4a) = M/2$。

3.【答案】B

【考点点击】本题主要考查的知识点为不同形式的力对结构受力的影响。

【要点透析】对中间铰链的内力有影响,对支座反力没有影响。

4.【答案】D

【考点点击】本题主要考查的知识点为变形体虚功原理的适用条件。

【要点透析】变形体虚功原理适用于任何变形体。

5.【答案】D

【考点点击】本题主要考查的知识点为位移法。

【要点透析】两个横梁是完全刚性的,结构不会有角位移,只有水平方向的2个线位移。

二、判断题

1.【答案】√

2.【答案】×

3.【答案】×

4.【答案】×

5.【答案】×

三、填空题

1.【答案】无穷大　不确定

2.【答案】20

3.【答案】相等　相同

4.【答案】杆轴为直线　EI 为常量　M_P 与 $\overline{M}$ 两个弯矩图中至少有一个是直线图形

5.【答案】0　0

四、计算题

1.【答案】

(1)画受力图(题图 3.14),求支反力

$$F_{Ax} = 0, \quad F_{Ay} = 10\text{kN}, \quad F_E = 10\text{kN}$$

(2)画弯矩图(题图 3.15)

2.【答案】如题图 3.16 所示。

3.【答案】

此连续梁基本未知量为结点 B、结点 C 处转角,在结点 B、C 处加刚臂,即得基本体系。弯矩图如题图 3.17 所示。

$$M_{BA} = \frac{3EI}{8}Z_1 + \frac{ql^2}{8} = \frac{3EI}{8}Z_1 + 160\text{kN} \cdot \text{m} = 175.24\text{kN} \cdot \text{m}$$

$$M_{BC} = \frac{8EI}{12}Z_1 + \frac{4EI}{12}Z_2 - \frac{Fl}{8} = \frac{8EI}{12}Z_1 + \frac{4EI}{12}Z_2 - 150\text{kN} \cdot \text{m} = -175.24\text{kN} \cdot \text{m}$$

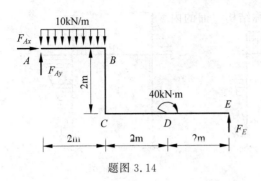

题图 3.14

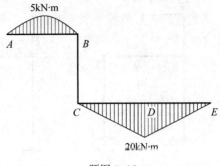

题图 3.15

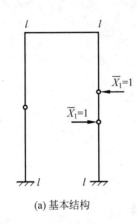

(a) 基本结构

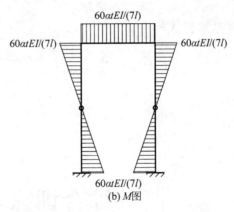

(b) M图

题图 3.16

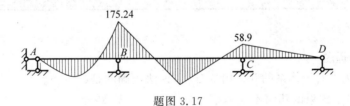

题图 3.17

$$M_{CB} = \frac{4EI}{12}Z_1 + \frac{8EI}{12}Z_2 + \frac{Fl}{8} = \frac{4EI}{12}Z_1 + \frac{8EI}{12}Z_2 + 150\text{kN} \cdot \text{m} = 58.9\text{kN} \cdot \text{m}$$

$$M_{CD} = \frac{3EI}{8}Z_2 = -58.9\text{kN} \cdot \text{m}$$

$$\begin{cases} \sum M_B = 0 \\ \sum M_C = 0 \end{cases} \Rightarrow \begin{cases} \dfrac{25EI}{24}Z_1 + \dfrac{EI}{3}Z_2 + 10\text{kN} \cdot \text{m} = 0 \\ \dfrac{EI}{3}Z_1 + \dfrac{25EI}{24}Z_2 + 150\text{kN} \cdot \text{m} = 0 \end{cases} \Rightarrow \begin{cases} Z_1 = \dfrac{40.64}{EI} \\ Z_2 = -\dfrac{157.01}{EI} \end{cases}$$

4.【答案】

(1) 确定单位力状态(题图 3.18(a))

(2) 作内力图(题图 3.18(b)、3.18(c))

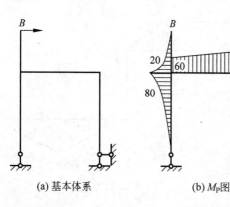

(a) 基本体系　　　　(b) M_P图　　　　(c) $\overline{M}_1$图

题图 3.18

（3）用图乘法求得 Δ_B

$$\Delta_B = \frac{1610}{EI} = 0.08\text{m}$$

综合训练 4

一、单项选择题

1. 对题图 4.1 所示体系的几何组成分析，说法正确的是（　　）。
   A. 无多余约束的几何不变体系　　　　B. 瞬变
   C. 有多余约束的几何不变体系　　　　D. 常变

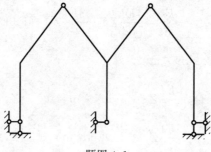

题图 4.1

2. 题图 4.2 所示刚架支座反力 F_{Ax} 为（　　）。
   A. 20kN　　　　B. 0　　　　C. −20kN　　　　D. 40kN

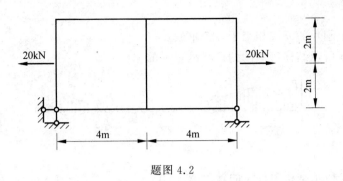

题图 4.2

3. 题图 4.3 所示结构用位移法求解时,各杆 $EI =$ 常数,则基本未知量个数为(　　)。

A. 2　　　　　　　B. 3　　　　　　　C. 5　　　　　　　D. 6

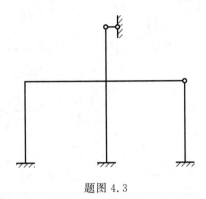

题图 4.3

4. 题图 4.4 所示结构支座 A 向下、向左分别发生微小位移 a,则结点 C 的水平位移等于(　　)。

A. $2a(\leftarrow)$　　　　B. $2a(\rightarrow)$　　　　C. $a(\leftarrow)$　　　　D. $a(\rightarrow)$

5. 题图 4.5 所示桁架结构中零杆的个数为(　　)。

A. 3　　　　　　　B. 5　　　　　　　C. 7　　　　　　　D. 9

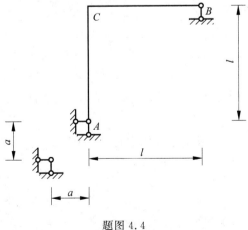

题图 4.4　　　　　　　　　　　题图 4.5

二、判断题

1. 连接 4 个刚片的复铰相当于 4 个单铰。（　　）

2. 题图 4.6 所示结构弯矩图的形状是正确的。（　　）

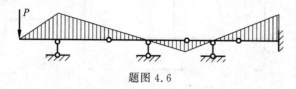

题图 4.6

3. 题图 4.7 所示结构中杆 1 的轴力 $N_1 = 0$。（　　）

4. 题图 4.8 所示 M_P、$\overline{M}_1$ 图，用图乘法求位移的结果为：$(\omega_1 y_1 + \omega_2 y_2)/(EI)$。（　　）

5. 题图 4.9 所示梁的超静定次数是 $n = 4$。（　　）

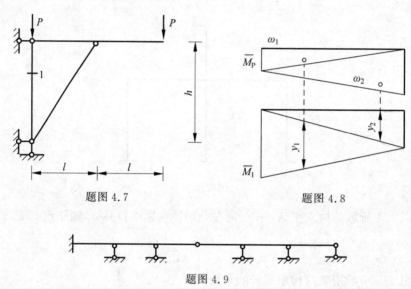

题图 4.7　　　　　　　　题图 4.8

题图 4.9

三、填空题

1. 两刚片组成无多余约束的几何不变体系，应至少需要_____个体系。

2. 工程中常见的三种单跨静定梁分别是_____、_____、_____。

3. 图乘公式 $\sum \overline{M} M_P \mathrm{d}s/(EI) = \sum \pm A_\omega y_C/(EI)$ 中，当_____时取正号；当_____时取负号。

4. 位移法典型方程中各副系数是关于主对角线对称的，即 $k_{ij} = k_{ji}(i \neq j)$，它的理论依据是_____。

5. 在力矩分配法中，传递系数 C 等于_____，对于远端固定杆，C 等于_____；对于远端滑动杆，C 等于_____。

四、计算题

1. 求题图 4.10 所示桁架杆件 a、b 的内力。

2. 用力法计算题图 4.11 所示桁架中指定杆件 a、b、c、d 的内力，其中各杆 $EA =$ 常数。

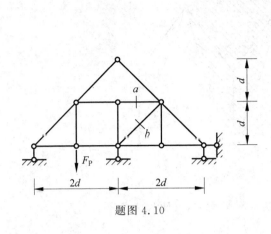

题图 4.10

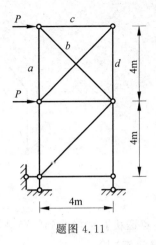

题图 4.11

3. 用位移法作题图 4.12 所示结构 M 图，其中 $EI=$ 常数。

4. 题图 4.13 所示结构由于 a 杆制造时短了 0.5cm，求节点 C 的竖向位移，已知 $l=2\text{m}$。

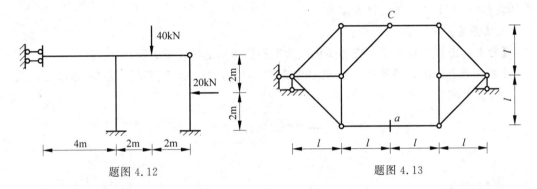

题图 4.12 　　　　　　　　　　　　题图 4.13

综合训练 4 答案

一、单项选择题

1.【答案】 A

【考点点击】 本题主要考查的知识点为体系的几何组成分析。

【要点透析】 三根链杆连接两刚片，为无多余约束的几何组成体系（题图 4.14）。

2.【答案】 B

【考点点击】 本题主要考查的知识点为支座反力的计算。

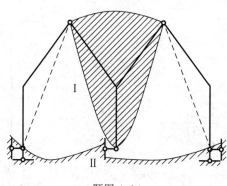

题图 4.14

【要点透析】 结构受到的荷载正好是一对平衡力,支座反力为零。

3.**【答案】** B

【考点点击】 本题主要考查的知识点为位移法。

【要点透析】 两个刚结点需要加两个刚臂,有 2 个转角未知量;结构在水平方向上有结点线位移,有 1 个结点线位移未知量。

4.**【答案】** A

【考点点击】 本题主要考查的知识点为支座位移引起的位移计算。

【要点透析】 在 C 点施加一个往左的单位力,单位力引起 A 点的支反力;水平方向为 1 $(\rightarrow)$,竖直方向为 $1(\uparrow)$,则

$$\Delta = -\sum \bar{R}_i \times c_i$$
$$= -[1 \times (-a) + 1 \times (-a)]$$
$$= 2a(\leftarrow)$$

5.**【答案】** C

【考点点击】 本题主要考查的知识点为零杆的判断。

【要点透析】 根据节点平衡条件判断零杆,只有上排的 2 个水平杆和左侧的 2 个斜杆不是零杆。

二、判断题

1.**【答案】** ×

2.**【答案】** √

3.**【答案】** √

4.**【答案】** ×

5.**【答案】** √

三、填空题

1.**【答案】** 3

2.**【答案】** 简支梁　悬臂梁　外伸梁

3.**【答案】** A_ω 与 y_C 在杆件的同侧　在异侧

4.**【答案】** 功的互等定理(或反力互等定理)

5.**【答案】** 当近端转动时远端弯矩与近端弯矩的比值　0.5　−1

四、计算题

1.【答案】

（1）首先判断零杆,结构中 4 个零杆,如题图 4.15 所示。

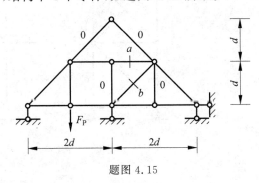

题图 4.15

（2）取结点作为分离体,画受力图,求杆端的内力(题图 4.16),为便于叙述,将零杆去掉,并对点进行编号。

对 1 号结点,有 $N_1 = F_P$,受拉。

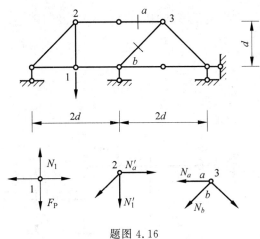

题图 4.16

对 2 号结点,即 $N_a' = -F_P$,所以杆件 a 的内力为 F_P,受压。

对 3 号结点,得 $N_P = \sqrt{2}F_P/2$,所以杆件 b 的内力为 $\sqrt{2}F_P/2$,受拉。

2.【答案】

（1）取基本体系(题图 4.17)

（2）写出力法经典方程

$$\Delta_1 = 0, \quad \delta_{11}X_1 + \Delta_{1P} = 0$$

（3）计算各杆的内力(题图 4.18)

（4）求系数和自由项

$$\delta_{11} = 38.627/(EA)$$

$$\Delta_{1P} = 11.314P/(EA)$$

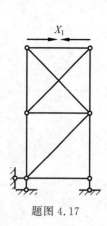

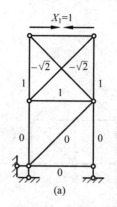

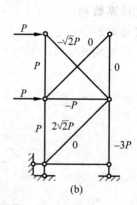

题图 4.17

题图 4.18

（5）解方程

$$X_1 = -0.293P$$

（6）叠加法求四个杆的内力

$$N_a = 0.707P, \quad N_b = -P$$

$$N_c = -0.293P, \quad N_d = -0.293P$$

3.【答案】

（1）取基本体系（题图 4.19）

（2）写出位移法方程

$$r_{11}Z_1 + R_{1P} = 0$$

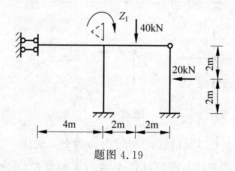

题图 4.19

（3）作单位弯矩图、荷载弯矩图（题图 4.20）

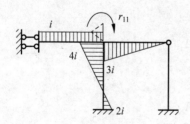

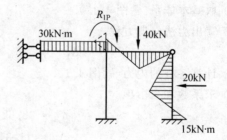

题图 4.20

（4）求系数和自由项

由节点平衡得

$$r_{11} = 8i, \quad R_{1P} = -30\text{kN}, \quad i = EI = 4$$

（5）解方程求位移

$$Z_1 = -R_{1P}/r_{11} = 30/(8i) = 15/(4i)$$

（6）叠加法作弯矩图（题图 4.21）

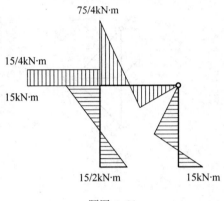

题图 4.21

4.【答案】

（1）确定单位力状态（题图 4.22）

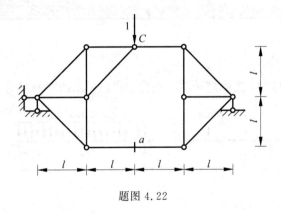

题图 4.22

（2）画受力图（题图 4.23），计算 a 杆内力

对整体，得 $F_B = 0.5$；对右半部分，C 点的力矩为 $M_C = 0$。

得 $N_a = 0.5$。

（3）代入位移计算公式，得

$$\Delta_{CV} = -\sum \overline{N}_i \times C_i = -0.5 \times 0.5\text{mm} = -0.25\text{mm}$$

负号表示位移的方向跟单位力的方向相反，节点 C 的竖向位移为 0.25mm，方向向上。

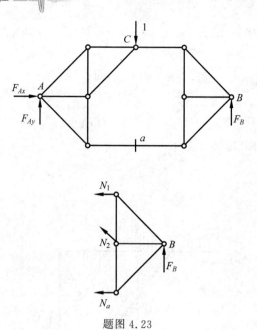

题图 4.23

综合训练 5

一、单项选择题

1. 连续梁受力和其 M 图如题图 5.1 所示,则支座 B 的竖向反力 F_{By} 为(   )。

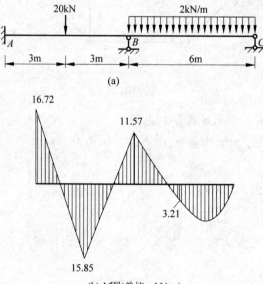

(a)

(b) M图(单位: kN·m)

题图 5.1

A. 1.21kN(↑)   B. 5.07kN(↑)

C. 11.07kN(↓)   D. 17.07kN(↑)

2. 关于超静定结构的特性,下面说法错误的是(   )。

    A. 内力分布与结构各杆件的刚度有关

    B. 在任何情况下,内力分布与各杆件的刚度比值有关,与刚度的绝对值无关

    C. 抵抗破坏的能力较强

    D. 内力分布比较均匀

3. 题图 5.2 所示刚架,C 截面的弯矩 M_C(下侧拉为正)为(   )。

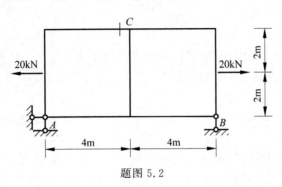

题图 5.2

    A. -20kN·m   B. 20kN·m

    C. -40kN·m   D. 40kN·m

4. 下列说法错误的是(   )。

    A. 力法只能求解超静定结构

    B. 力法基本结构不唯一

    C. 力法基本未知量的个数等于超静定次数

    D. 力法基本未知量是结点位移

5. 题图 5.3 所示结构中,$EI=$ 常数,在荷载作用下截面 A 的转角为(   )。

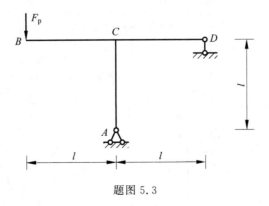

题图 5.3

    A. $F_p l^2/(3EI)$(逆时针)   B. $F_p l^2/(3EI)$(顺时针)

    C. 0   D. $2F_p l^2/(3EI)$(逆时针)

二、判断题

1. 如果体系的计算自由度小于或等于零,那么体系一定是几何不变体系。(   )

2. 刚架在荷载作用下的内力有剪力和弯矩,不会产生轴力。(   )

3. 题图 5.4 所示结构的超静定次数是 $n=3$。(   )

4. 位移法中角位移未知量的数目恒等于刚结点数。(   )

5. 力矩分配法可以用来计算任何超静定刚架。(   )

题图 5.4

三、填空题

1. 根据平面体系自由度计算公式即可判定其体系为_____体系。

2. 在画梁的内力图时,集中力作用处_____有突变,集中力偶作用处_____有突变。

3. 一个人站在简支梁中点所产生的弯矩,大约是躺在该梁上所产生的弯矩的_____倍。

4. 对称结构在反对称结构荷载作用下产生_____的位移。

5. 对称结构在对称荷载作用下,处于对称位置的结点角位移大小相等,方向_____。

四、计算题

1. 作题图 5.5 所示结构的 M 图。

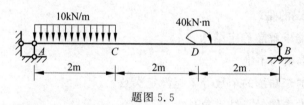

题图 5.5

2. 题图 5.6 所示结构 B 支座下沉 4mm,各杆 $EI=2.0\times10^5\text{kN}\cdot\text{m}^2$,用力法计算分析并作 M 图。

3. 用位移法作题图 5.7 所示结构 M 图,各杆线刚度均为 i,各杆长为 l。

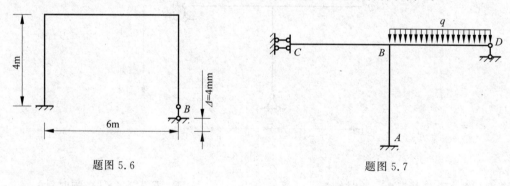

题图 5.6   题图 5.7

4. 试求题图 5.8 所示抛物线 $y=4fx(l-x)/l^2$ 三铰拱中距 A 支座 5m 处 K 点的截面内力(f 为拱高)。

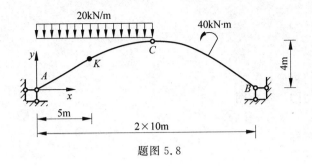

题图 5.8

综合训练 5 答案

一、单项选择题

1.【答案】D

【考点点击】本题主要考查的知识点为支座反力的计算。

【要点透析】根据 B 点的弯矩，取 B 点左侧部分为研究对象，列平衡方程可以求得 C 点的反力为 24.43/6kN，然后根据 A 点的弯矩，取 A 点左侧部分为研究对象列平衡方程可以求得 B 点的反力为 17.07kN。

2.【答案】B

3.【答案】D

【考点点击】本题主要考查的知识点为截面法计算刚架的内力。

【要点透析】结构只受到两个力的作用，两个力正好是一对平衡力，由此判断支反力为零，用截面法可以直接求得 C 截面的弯矩为 40kN·m。

4.【答案】D

【考点点击】本题主要考查的知识点为力法。

【要点透析】力法基本未知量是多余约束。

5.【答案】A

【考点点击】本题主要考查的知识点为利用图乘法计算转角。

【要点透析】在 A 点施加一个单位力矩，画单位弯矩图和荷载弯矩图，通过图乘法计算可得。

二、判断题

1.【答案】×

2.【答案】×

3.【答案】×

4.【答案】×

5.【答案】×

三、填空题

1.【答案】几何可变

2.【答案】剪力图　弯矩图

3.【答案】2

4.【答案】反对称

5.【答案】相反

四、计算题

1.【答案】

（1）画受力图，求支反力（题图 5.9）

$$F_{Ax}=0,\quad F_{Ay}=10\text{kN}(\uparrow),\quad F_B=10\text{kN}(\uparrow)$$

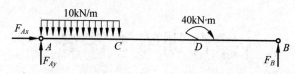

题图 5.9

（2）画弯矩图（题图 5.10）

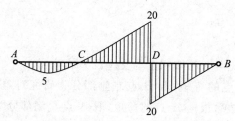

题图 5.10　弯矩图（单位：kN·m）

2.【答案】

（1）确定基本体系（题图 5.11）

（2）写出变形条件和力法方程

$$\Delta_{1P}=\Delta,\quad \delta_{11}X_1+\Delta_{1P}=0,\quad \Delta_{1P}=0.004$$

（3）作单位弯矩图（题图 5.12）

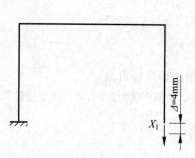

题图 5.11

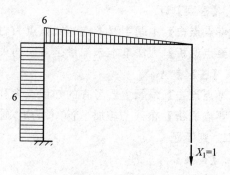

题图 5.12　$\overline{M}$ 图

（4）用图乘法计算系数

$$\delta_{11} = \frac{1}{EI}\left[(6\times6/2)\times(6\times2/3)+(6\times4)\times6\right]=216/(EI)$$

（5）解方程得

$$X_1 = \Delta_{1P}/\delta_{11}=0.004EI/216$$
$$=(0.004\times2\times10^5/216)\mathrm{kN}$$
$$=100/27\mathrm{kN}$$

（6）根据 $M-\overline{M}_1X_1$ 画弯矩图（题图 5.13）

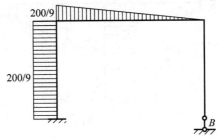

题图 5.13　M 图（单位：kN·m）

3.【答案】

（1）确定基本体系（题图 5.14）

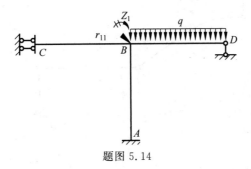

题图 5.14

（2）列位移方程

$$r_{11}Z_1+R_{1P}=0$$

（3）作单位荷载弯矩图、荷载弯矩图（题图 5.15）

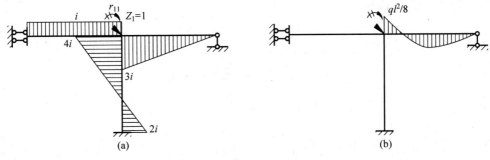

题图 5.15

（4）求系数和自由项

$$r_{11} = 8i, \quad R_{1P} = -ql^2/8$$

（5）解方程，求位移

$$Z_1 = ql^2/(64i)$$

（6）根据 $M = \overline{M}_1 Z_1 + M_P$，作弯矩图（题图 5.16）

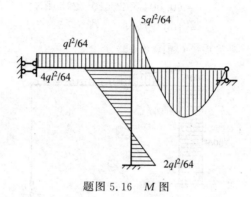

题图 5.16　M 图

4.【答案】

画整体受力图（题图 5.17）和 BC 部分隔离体受力图，求支反力。

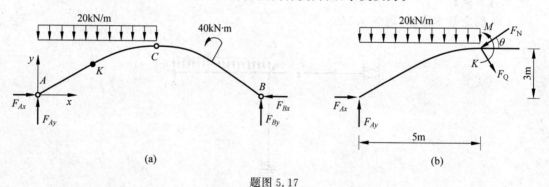

题图 5.17

取整体隔离体有：

$$\sum M_A = 0, \quad F_{By} = 48\text{kN}$$

$$\sum F_y = 0, \quad F_{Ay} = 152\text{kN}$$

取 BC 部分隔离体有：

$$\sum M_C = 0$$

$$F_{Bx} = 130\text{kN}$$

$$\sum F_x = 0, \quad F_{Ax} = 130\text{kN（推力）}$$

$$y = 4fx(l-x)/l^2 = \frac{20x - x^2}{25} = 3\text{m}$$

$$\tan\theta = \frac{20 - 2x}{25} = 0.4$$

$$\sin\theta = 0.371$$

$$\cos\theta = 0.928$$

$$\sum M_K = 0$$

$$M - F_{Ay} \times 5 + F_{Ax} \times 3 + 100\text{kN} \times 2.5\text{m} = 0$$

$$M = 120\text{kN} \cdot \text{m}$$

分别在 K 处法线方向和切线方向投影，列方程有：

$$F_{QK} + 100 \times \cos\theta - F_{Ay}\cos\theta + F_{Ax}\sin\theta = 0$$

$$F_{QK} = 0.26\text{kN}$$

$$F_{NK} + 100 \times \sin\theta - F_{Ay}\sin\theta + F_{Ax}\cos\theta = 0$$

$$F_{NK} = 104.14\text{kN}$$

主 要 符 号 表

A	面积、振幅
c	支座广义位移、阻力系数
C	弯矩传递系数
D	侧移刚度
E	弹性模量
F	集中荷载
F_{AH}、F_{AV}	A 支座沿水平、竖直方向的反力
F_{Ax}、F_{Ay}	A 支座沿 x、y 方向的反力
F_H	拱的水平推力、悬索张力水平分量
F_N	轴力
F_R	支座反力、力系合力
F_S	剪力
G	切变模量
i	线刚度
I	截面二次矩(惯性矩)、冲量
k	刚度系数
M	力矩、力偶矩、弯矩
M^F	固端弯矩
q	均布荷载集度
r	单位位移引起的广义反力
R	广义反力
S	劲度系数(转动刚度)、截面静矩、影响线量值
t	时间
u	水平位移
v	竖向位移
W	平面体系自由度、功、弯曲截面系数
X	广义未知力
Z	广义未知位移
α	线(膨)胀系数
Δ	广义位移
υ	剪力分配系数
δ	单位力引起的广义位移、阻尼系数
μ	力矩分配系数、动力因数、长度因数

参 考 文 献

[1]　李廉锟.结构力学：上册[M].5 版.北京：高等教育出版社,2010.

[2]　李昭.结构力学同步辅导及习题全解[M].5 版.北京：中国水利水电出版社,2014.

[3]　常伏德,王晓天.结构力学实用教程[M].北京：北京大学出版社,2012.

[4]　龙驭球,包世华,袁驷.结构力学Ⅰ——基本教程[M].3 版.北京：高等教育出版社,2012.

[5]　张来仪,王达诠.结构力学[M].武汉：武汉大学出版社,2013.

[6]　王焕定,祁皑.结构力学学习指导[M].北京：清华大学出版社,2012.

[7]　石志飞.结构力学精讲及真题详解[M].北京：中国建筑工业出版社,2009.